核素在高放射性废物地质处置预选场的迁移行为

韦红钢　著

北　京

冶 金 工 业 出 版 社

2023

内 容 简 介

本书主要介绍了高放射性废物地质处置中放射性核素的迁移行为。全书从水动力学、水文地球化学角度对放射性核素在中国高放射性废物北山处置库预选场花岗岩裂隙水中的运动特征展开研究，初步预测了处置库破坏后核素的迁移行为。同时还介绍了放射性核素铀的实验室模拟实验、分配系数测定的研究方法和结果，并对实验影响因素进行了初步探讨。

本书可供从事放射性废物治理、核安全、核环境保护与评价的工作人员及高校有关专业师生、岩土水分研究人员阅读，也可供政府决策人员、环保人士及关心环保工作的有关读者学习参考。

图书在版编目（CIP）数据

核素在高放射性废物地质处置预选场的迁移行为／韦红钢著 . —北京：冶金工业出版社，2023.7

ISBN 978-7-5024-9471-1

Ⅰ . ①核… Ⅱ . ①韦… Ⅲ . ①放射性废物处理—选址—研究 Ⅳ . ①TL942

中国国家版本馆 CIP 数据核字（2023）第 062882 号

核素在高放射性废物地质处置预选场的迁移行为

出版发行	冶金工业出版社	**电 话**	(010)64027926
地 址	北京市东城区嵩祝院北巷 39 号	**邮 编**	100009
网 址	www.mip1953.com	**电子信箱**	service@ mip1953.com

责任编辑 杜婷婷 美术编辑 吕欣童 版式设计 郑小利
责任校对 范天娇 责任印制 禹 蕊
三河市双峰印刷装订有限公司印刷
2023 年 7 月第 1 版，2023 年 7 月第 1 次印刷
710mm×1000mm 1/16；9.25 印张；178 千字；137 页
定价 **69.00** 元

投稿电话 （010）64027932 投稿信箱 tougao@cnmip.com.cn
营销中心电话 （010）64044283
冶金工业出版社天猫旗舰店 yjgycbs.tmall.com
（本书如有印装质量问题，本社营销中心负责退换）

前　言

目前，全世界大部分国家处于高放射性废物地质处置选取场址的初始阶段，达到确定场址阶段的国家较少。不过从对待高放射性废物地质处置的投入来看，各个国家都在努力开展研究工作，且投入力度逐渐增大。目前世界各国采纳实施的方案主要是地质处置法，在深地层中建造处置库相对较为现实、安全和经济。建造地质处置库之前开展放射性核素迁移特性研究对放射性废物能否安全处置十分重要，也是放射性废物地质处置研究不可缺少的一环。我国的高放射性废物深地质处置研究还处于初级阶段。核废物在基岩介质中进行处置是否可以确保安全，对放射性物质的长时间（通常可达数万年乃至数百万年）迁移预测过程特别是在地下水中的迁移模拟研究工作至关重要，同时也是国家十分关心的事情。我国地球化学模拟研究还较粗浅，模拟技术在高放射性废物迁移预测中的应用也还不够普遍。作者编写本书的目的在于抛砖引玉，使地球化学模拟技术在我国得到推广和发展，为我国高放射性废物地质安全处置评价和前期研究工作提供一手的资料和工程设计依据。

本书以中国高放射性废物北山处置库预选场花岗岩裂隙水为研究对象，初步尝试同时从水动力学和水文地球化学两个方面对核素在我国高放射性废物北山处置库预选场花岗岩裂隙水中的运动特征展开研究；利用PHREEQC-Ⅱ软件对研究区地下水和泉水中主要元素的存在形态进行计算，详细计算分析铀、锶元素的存在形态及影响因素；探讨核素在花岗岩介质中的迁移行为，包括浓度、距离分布及其随时间的变化规律等；采用批式法对铀元素在北山花岗岩地下水中核素行为影响因素进行分析研究。本书主要内容包括：

　　（1）预选处置场地区环境特征分析；

　　（2）核素在花岗岩裂隙地下水中迁移模拟行为；

　　（3）铀、锶在研究区地下水中形态分布特征；

　　（4）铀、锶在研究区地下水中迁移的数值模拟计算；

　　（5）铀在花岗岩裂隙地下水中的吸附影响。

　　中国地质大学（北京）钟佐燊、沈照理、何江涛，东华理工大学孙占学、高柏、张卫民，核工业北京地质研究院王志明、郭永海、苏锐等专家对本书给予了许多具体指导。实验部分得到东华理工大学宋金如、卫忠元、于荣的支持并提出指导意见。在本书的编写过程中，参考了有关论文和书籍，以及查阅了大量的研究报告和资料，在此特向各位专家、有关文献的作者和单位表示衷心感谢。

　　本书的出版得到东华理工大学地质工程一流学科建设项目经费资助。

　　由于作者水平所限，书中不妥之处，敬请广大读者批评指正。

作　者

2022 年 10 月

目　　录

1　绪　　论

1.1　高放射性废物地质处置研究情况

随着人口的快速增长和经济的飞速发展，人类对能源的需求也随之快速增加。化石燃料不可再生而且带来了大量污染，亟须开发更多的新型清洁能源。具有高效和清洁特点的核能的利用和发展已不可避免。据 Virtual Capitalist 网站发布的全球核能信息，2020 年全世界共有 448 座核电机组，发电量约占总量的 10%，全球一次能源消费的 4.3%。核电的前景在不断变化。2020 年，全球在建的核反应堆超过 50 座，未来还有计划建造数百座，主要在亚洲。尽管全球有些国家计划逐步淘汰核能，随着各国不再使用化石燃料，转而使用无碳能源，核能可能会在全球能源结构中重新崛起。

按照我国核电发展计划，2025 年核电运行装机容量将达 7000 万千瓦左右。到 2035 年，中国核电在总发电量中的占比将达到 10%。随着现在和未来大批的核电站建成投产，必然会出现大量的核废物，前期开采、冶炼出现的放射性弃石、军工用品和医用研究等带来的核废物均会对人类环境影响变大。我国的国防核工业多年来产生了一批高放废液（如 821 厂和 404 厂的高放废液等），加上退役废物，均需进行最终处置。我国的高放射性废物主要来源于压水堆核电站、国防核设施、CANDU 反应堆和未来可能的高温气冷堆。压水堆乏燃料经后处理将产生高放玻璃固化废物、高放固体废物和 α 废物。国防核设施生产和军工核设施治理和退役，也将产生高放玻璃固化废物、高放固体废物和 α 废物。此外，研究发现堆和核潜艇的乏燃料经后处理也将产生高放射性废物，但其数量较少。另外，需要进行深地质处的还包括长寿命中放射性废物和高危险度放射源。这些高放废物处理起来风险性极大，很难有效去除其危害。目前，在现有的科技水平下人类很难去除放射性废物，更难的是对其中的高放射性废物的处理基本上没有有效的处理办法。放射性废物的安全处置已成为当今世界最热门的研究领域，而其中的高放射性废物又以对未来环境潜在的污染范围广和危害大逐渐成为热门研究的重中之重。

为了便于理解放射性核素的危害，本章先把原子核和射线方面的有关知识简要介绍一下。原子由原子核和绕核旋转的电子组成，原子核又由质子和中子组成。电子带 1 个负电荷，质子带 1 个正电荷，中子不带电荷。核电荷数（即质子数）在数值上等于元素的原子序数。质子的质量数为 1，中子的质量数也为 1，电子很轻很轻，其质量一般忽略不计。质子数和中子数之和就是原子核或原子的质量数。α射线又称α粒子，它是氦原子核，由两个质子和两个中子组成，质量数为4，带2个正电荷。β射线又称β粒子，它是电子，带1个负电荷。如果原子发生α衰变，那就是从原子核内放出一个α粒子，因此核电荷数（原子序数）减少2，质量数减少4；如果原子发生β衰变，放出一个电子，那就是相当于核内一个中子转变成了一个质子，因此核电荷数增加1，质量数不变。

某些元素的原子通过核衰变自发地放出α射线或β射线（有时还放出γ射线）的性质，称为放射性。按原子核是否稳定，可把核素分为稳定性核素和放射性核素两类。一种元素的原子核自发地放出某种射线而转变成别种元素的原子核的现象，称为放射性衰变。能发生放射性衰变的核素，称为放射性核素（或称放射性同位素）。

在已发现的100多种元素中，有2600多种核素。其中稳定性核素仅有280多种，属于81种元素。放射性核素有2300多种，又可分为天然放射性核素和人工放射性核素两大类。放射性衰变最早是从天然的重元素铀的放射性中发现的。

本书中的讨论对象为放射性元素铀和锶，它们主要有如下基本性质。

铀是重要的天然放射性元素，也是最重要的核燃料，铀是元素周期表中第七周期MB族元素，锕系元素之一，元素符号U。铀于1789年由德国化学家克拉普罗特从沥青铀矿中分离出来，并用1781年发现的天王星Uranus将其命名为Uranium。半衰期为447万年。铀系（uranium series）是3个天然放射系（钍系、铀系、锕系）之一，又称4n+2系。铀系由母体铀开始，经过14次连续衰变而到达稳定核素Pb。铀有15种同位素，其相对原子质量从227~240不等。所有铀同位素皆不稳定，具有放射性。铀的天然同位素组成为：^{238}U（自然丰度99.275%，相对原子质量238.0508，半衰期$4.51 \times 10^9 a$），^{235}U（自然丰度0.720%，相对原子质量235.0439，半衰期$7.00 \times 10^8 a$），^{234}U（自然丰度0.005%，相对原子质量234.0409，半衰期$2.47 \times 10^5 a$）。

锶是一种放射性同位素。元素符号为Sr。锶90是纯β衰变核素，β射线的最大能量为0.546MeV。锶90是铀的裂变产物之一，半衰期为28a，一般来自核爆炸或核燃料产物，扩散性不强。

放射性废物会发射人们难以感知的射线，核辐射主要有α、β和γ三种辐射形式。

α辐射只要用一张纸就能挡住，但吸入体内危害大；β辐射是高速电子，皮肤沾上后烧伤明显；γ辐射和X射线相似，能穿透人体和建筑物，危害距离远。人体所受的辐射照射分为内照射和外照射两类。进入人体内的辐射源对人体产生的照射称为内照射；而处在体外的辐射源对人体产生的照射称为外照射。迄今认为，不论是内照射或外照射，都可能对人体健康产生一定的影响。放射性物质可通过呼吸吸入，皮肤伤口及消化道吸收进入体内，引起内辐射，γ 辐射可穿透一定距离被机体吸收，使人员受到外照射伤害。内外照射形成放射病的症状有疲劳、头昏、失眠、皮肤发红、溃疡、出血、脱发、白血病、呕吐、腹泻等，有时还会增加癌症、畸变、遗传性病变发生率，影响几代人的健康。电离辐射引起上述这些效应的机理较为复杂，目前尚未完全研究清楚。一般来说，身体接受辐射能量越多，其放射病症状越严重，致癌、致畸风险越大。放射性废物发射出的射线对人类健康存在着潜在的危害，如不加以妥善处置，将会对自然环境、人类社会造成影响，其影响可长达几百年至数万年，甚至更长的时间。随着核能技术的进步，现存的高放射性废物必须进行安全处置，这是关系未来很长时间内人类健康的重大环境问题。

核素可通过大气、地表和地下途径进入人类环境，但从长远来说，其从地下水进入人类环境是主要的迁移途径。通常情况下，放射性废物主要是通过地下多孔含水介质进行迁移并威胁到人类生存环境的。因此，放射性核素在多孔介质中的迁移行为研究正受到越来越多的关注。

放射性核素对生物危害很难察觉、污染后不易恢复、能通过各种渠道对环境进行迁移，风险非常大。例如，日本"3·11"9 级地震之后，福岛核电站一连串的突发事故，已经成为国际头等环境事件。日本目前共有 53 个用于发电的核反应堆，供应全日本三分之一的电力，每年核反应堆产生的乏燃料约为 900t。日本的中低放射核废料主要存储在茨城县东海村和福井县的设施内。数十年来累计的核废物储存罐已经超过 30 万个，每个容量约 200L，并且每年新增近 1 万个核废料储存罐。为此，日本政府每年要投入约 570 亿日元（约 4 亿美元）。1993 年开始建设的青森县六所村核废料再处理工厂是专门负责对从日本全国核电站收集而来的乏燃料进行钚、铀等提取作业后，将所剩高放射性废液进行玻璃固化的专门工厂。该厂原计划 2008 年正式启用，但因接二连三地发生技术性故障而至今无法正常运行。据日本核与工业安全机构报道，放射性污染物可能已经渗入日本福岛核电厂的地下水，被污染地下水可能通过井或河流支流到达公共供水源。到底这场事故未来将会对环境、生命产生多大的影响，尚难猜测。但核辐射对诸多生命的巨大威慑力却显露无遗。而核素在地质处置系统中的迁移是长时间的过程，很难在现实中进行实验，因此，必须在建造处置库之前就充分做好核素迁移的地下水模拟研究工作。由于多孔介质非均匀性和核素迁移条件的复杂性，决定了核素在多孔介质中的迁移数学模型难以用解析法求解。因此，核素迁移模型的数值模拟和实验室研究是放射性核素迁移模拟研究的基本问题之一。

高放射性废物地质处置的目标是安全，即保证被处置的高放射性废物不会从处置库泄漏进入人类的生存环境，以确保人类的安全。高放射性废物本身难以察觉，一般半衰期较长，在环境中以多种途径进行迁移，往往在不被人察觉的情况下危害生物的安全。而现在没有行之有效的办法对其无害化，一般采取建库安放的办法进行隔离处理，而且这项工作也需要进行多学科、长时间、强投资的研究。然而，在超过处置库的设计寿限之后或者由于未来的人类活动、自然灾害等会使得一些有害物质从废物库中释放出来，并随同地下水重返生物圈，为了保障放射性废物处置工程的长期安全运行，除了要求稳定的区域地质环境外，处置场的地下水循环交替条件和放射性核素进入地下水后的迁移行为是处置场选址和场址安全评价中十分关注的一个重点。因此，研究这些有害物质随地下水流迁移规律已成为当今高放射性废物处置中极为关注的问题。

目前，我国在大力发展核电的同时，对核废物的安全处置，尤其是高放射性废物的地质处置给予足够的重视。核废物在基岩介质中进行处置是否可以确保安全，在相当程度上取决于裂隙岩体对放射性核素的屏障性能和作为放射性核素迁移载体的基岩。在西部大开发和注重环境保护的环境下，对我国高放射性废物预选场址能否在未来安全地进行放射性废物地质处置是国家十分关心的一件事。放射性废物在地质处置系统中的迁移是长时间过程（通常可达数万年至数百万年）。在如此长时间尺度下，对放射性物质的迁移预测特别是在地下水中的迁移模拟研究工作有着至关重要的地位。

为了在 21 世纪中叶妥善解决高放射性废物安全处置问题，保护人类和环境，为我国核工业可持续发展创造条件，2006 年由国防科工委联合科技部、国家环保总局共同发布的《高放废物地质处置研究开发规划指南》（以下简称《指南》）正式印发，制定了我国高放射性废物地质处置研究的总体思路、发展目标和中长期研究发展规划纲要；明确提出必须尽快启动国家层面高放射性废物地质处置研究发展规划，全面、系统、科学、协调地部署研究工作。根据"十三五"规划，将对高放射性废物采取深地质埋藏和深地质处置，"十三五"时期，我国已经顺利开工建设高放射性废物处置地下实验室。《中华人民共和国放射性污染防治法》明确了我国高放射性废物深地质处置这一基本政策，为高放射性废物处置指明了方向。继续深入开展高放射性废物地质处置研究工作，为我国核能可持续发展创造良好条件是非常必要的。根据《指南》提出的研究开发目标和研究内容，本书拟采用水动力学、水文地球化学模拟和实验相结合的方法研究在北山预选区处置条件下地下水-废物-岩石的相互作用过程中模拟核素在裂隙地下水中的迁移行为，对阻滞核素迁移的相关作用进行较为深入的探讨，从而为处置库系统的建造和运行、安全评价提供有关依据。因此，开展核素迁移模拟研究，构建完善的核安全控制体系，对于提高环境意识、健全相关法规，规划区域内工业、农业、人口的可持续发展、构建人与自然生态和谐相处具有十分重要的意义。

自美国科学家 1950 年首次提出高放射性废物地质处置的设想至今已有 60 多年的历史。为了保证高放射性废物的安全处置，有关国家均制定了明确的政策、颁布了相关的法律，明确了责任和义务，并成立了专门的实施机构，在政策、法规和体制上为高放射性废物的安全管理和处置奠定了基础。"地质处置"已从原来的概念设想、基础研究、地下实验研究，进入到处置库场址预选，不过因为难度较大，目前各个国家大部分处于选取场址初始阶段，很少国家才到确定场址的阶段。从全世界对待高放射性废物地质处置的投入来看，各个国家都在努力开展研究工作，且力度逐渐增大。处置库的选址和场址评价工作进展较早的有美国等国家。美国是世界最大的核废料产生国，上百个核电站每年产生约 2000t 核废料，其中高放射性的乏燃料分布在 39 个州的 131 个暂存地点。美国 2002 年选定内华达州拉斯维加斯西北 150km 的尤卡山（Yucca Mountain）场址作为美国第一个民用高放射性废物的最终处置场地，并已完成场址评价工作。该工程于 1983 年启动，规划于 2020 年左右开始运行，2133 年关闭退役，可贮存 109300t 高放射性废料。原计划于 2017 年开始接收放射性废物，但由于遇到的问题较多，迄今为止，美国能源部已经花费了约 60 亿美元来开发尤卡山核废料处置场，包括建造了一条 8000m 长、穿越整个山区的 U 形隧道（其中有些部分在地面下近 300m 深）。美国能源部计划在尤卡山再花至少 500 亿美元，用来建造几十条支隧道，把核废料封装在形如运油车油箱的钢制容器内送进地下储存隧道，经过 100 年运营，储存满大约 10 万吨核废料后，将隧道永远封闭。2010 年 3 月 3 日，能源部（DOE）正式向能源部核管会（NRC）提交申请，批准撤销了其于 2008 年 6 月提交的尤卡山处置库建造许可证申请书。这意味着经历 22 年的建设，美国唯一的高放射性废物地质处置项目已经正式终止。

自 20 世纪 60 年代开始高放射性废物地质处置研究开发以来，在地质处置选址和场址评价、工程屏障、处置库设计和建造技术、地下实验室建设和实验、安全评价研究等方面取得了非常扎实的进展。在处置库工程的实施方面，表现最为突出的是芬兰、法国和瑞典。芬兰有 2 座核电站（4 台核电机组），核电占总发电量的 32%。预计需处置的乏燃料为 6500t。芬兰的高放射性废物处置由芬兰 Teollisuuden Voima Oyj（TVO）电力公司和富腾（Fortum）能源公司共同管理，并于 2001 年确定永久性的奥尔基洛托（Olkiluoto）核废物处置库场址，2015 年 11 月波西瓦公司（Posiva）获得建设许可证。作为乏燃料最终处置的实施机构，允许在奥尔基洛托附近的埃乌拉约基（Eurajoki）建设乏燃料最终处置库。这是全球迄今发放的首份乏燃料最终处置库建设许可证。芬兰采用的是乏燃料直接进行深地质处置的技术路线，处置库为 KBS-3 型多重屏障系统，拟建在深 500m 左右的花岗岩基岩之中，为竖井-斜井-巷道型。据估算，最终处置芬兰乏燃料的总费用为 46 亿芬兰马克（不包括研究开发费用）。处置费来自电费，收费标准为 0.012 芬兰马克/(kW·h)。到目前为止，所需的 46 亿芬兰马克处置费用已筹集完毕。2001 年，芬兰政府批准 Olkiluoto 核电站附近的乏燃料最终处置库场址，2015 年批准处置库的建造。这座处置库在 2016 年下半年启动建设，预计将于

2023 年建成处置库投入运营，并开始处置乏燃料，能够容纳 6500t 铀乏燃料。该处置库将于 2120 年被回填密封。在建设处置库之前，芬兰在 Olkiluoto 建设了名为 ONKALO 的地下实验室。

瑞典的情况与芬兰类似，有 4 座核电站（12 台核电机组，其中 2 台已经退役），核电占总发电量的 51.6%。需处置的乏燃料为 7960t。由核电站共同出资成立的瑞典核燃料和废物管理公司（SKB）为乏燃料最终处置的实施机构。采用的是乏燃料直接进行深地质处置的技术路线，处置库为 KBS-3 型多重屏障系统，拟建在深 500m 左右的花岗岩基岩之中。瑞典高放射性废物管理的基金来自各核电站电费的提成。早在 1972 年第一座核电站建设发电时，政府就已要求上缴资金预留用于核废物管理。瑞典核电站每发 1 度（1 度 = 1kW·h）电要交 0.01 克朗（约 1.3 分人民币）的废物管理基金。目前已收集 450 亿克朗的基金。2009 年 6 月，瑞典政府批准了乏燃料处置库的最终场址——位于 Forsmark 核电站附近的场址。2011 年 SKB 向瑞典政府递交处置库建造申请，2016 年获得批准。瑞典 1976 年开始处置技术研究，1995 年建设了世界著名的 Aspo 大型地下实验室。

法国有 59 台核电机组，核电占总发电量的 77%。预计到 2040 年将有 $5.0 \times 10^3 m^3$ 的高放射性废物玻璃固化体和 $8.3 \times 10^4 m^3$ 的超铀废物需要处置。法国国家放射性废物处置机构（ANDRA）负责高放射性废物处置工作。采用深部地质处置技术路线，选择的围岩为黏土岩。选址工作始于 20 世纪 80 年代，至目前已经确定 Meuse/HauteMarne 场址（黏土岩），并于 2004 年建成了地下实验室。法国于 2010 年启动了地质处置库计划，即 Cigeo-地质处置工业中心计划。经过 2013 年的公开论证之后，ANDRA 于 2015 年提交处置库建库申请，2019 年获得处置库建造许可，预计 2025 年建成处置库。

目前许多国家正在对各自选定的场地开展详评工作，一些国家还开展了下一步的工作。例如，瑞典的核燃料与废物管理公司（SKB）主管高放射性废物处置场地评价管理工作，它们主要依据 KBS-3 制定的高放废物处置管理办法选定的两处场址进行处置库评价工作（SKB，1984），2009 年，瑞典小镇奥萨马尔申请成为世界首个永久性核废料储存库，从 2020 年开始，储存库将开始正式运营，那些从核电站排放出的剧毒性放射性物质，会被安放在地下 500m 深的仓库内。德国从 20 世纪 60 年代就进行选址工作，并开展了野外钻孔地质研究，同时在选定的场址进行地下实验室研究。法国主要由国家放射性废物管理机构（ANDRA）承担选址工作，从 20 世纪 80 年代开始展开选址工作以来已经提出三处处置库预选场址，分别计划以黏土岩、花岗岩作为其处置地质体。同时在建和启用的地下实验室有 Bure、Auriat、Fanay-Augeres 三处，主要进行了岩石物理性质、力学、水动力学、水化学以及同位素地球化学机制研究。日本由核废物管理机构（NUMO，Nuclear Waste Management Organization of Japan）承担主要工作，目前还在进行处置预选场地的筛选、下一步的处置库工程建设和未来处置库的退役和清理等计划。初步定为 2023 年完成场地详细勘察工作后建立正式的高放射性废物处置库。2033 年建成之后正式投入使用。与此同时，加拿大、俄罗斯和西班牙等国也都开始了一系列的处置库场地评价筛选和地下实验室科学研究工作。

目前，中国放射核废料处置工作偏向于中低放射核废料处置方面研究较多，已建有两座中低放射核废料处置库，并准备再建两座，但还没有一座高放射处置库。已建成的两座中低放射核废料处置库，分别位于甘肃玉门和广东大亚湾附近的北龙。甘肃玉门西北处置厂位于原核工业 404 厂厂区内，该厂为我国最早的核工业基地之一。广东北龙处置场始建于 1998 年，于 2000 年建成，主要接收和处置广东省核电站产生的低中水平的放射性固体废物。这两个中低放射核废料处置场，占地约 2050 万立方米，附近还要设置几十平方千米的安全屏障。西北处置厂位于地表之下，距离地表有 1020m；北龙处置场建于地表之上，形成一个方盒子样子的封闭处。这个封闭处土埋之后形成山包，上面进行了绿化。一个中低放射核废料处置场，一般需要与外界 300～500 年的隔离期。据测算，现在建造一个中低放射核废料处置场，大约需要 2 亿元的资金。按照规划，除了已建好的华南、西北两处，还将在华东和西南建设两座区域性中低放射性废物处置库。而在高放射性废物地质处置研究起步较晚，从 1985 年开始，在原核工业部组织下制定了初步的高放射性废物地质处置计划（即 SDC），从 1986 年进入施行阶段。成立了研究协调组，从国防预研经费中拨出少量经费，安排了工程、地质、化学、安全四个领域的研究项目。原核工业部的有关研究院所，以及清华大学、南京大学、北京大学、复旦大学、中国地质大学、中国矿业大学、长春地质学院等参与了 SDC 研究计划。中国科学院武汉岩土力学研究所、中国科学院地质与地球物理研究所等研究机构通过国际原子能机构的技术合作（TC）项目、自然科学基金、承接国外研究任务、参与国际合作研究计划等方式，完成了许多研究工作和技术标准的编制。国家环保总局及一些环境保护研究机构针对《中华人民共和国放射性污染防治法》的编制做了大量研究工作。2005 年上半年，国防科工委专门开了一个处置高放射物质研讨会，最后确定：中国将建设一座永久性高放射物质处置库，容量要能储存 100～200 年间全中国产生的核废料，在满了之后就永久地封掉。即至少 100 年之后，大陆才会出现第二座永久性高放射性废物处置库。与此同时，我国开展了高放废物处置库场址预选，根据中国核电发展规划，我国在 2015—2020 年，确定永久性高放射核废料处置库的库址。对华东、华南、西南、内蒙古和西北五个预选片区进行比较，重点研究了西北预选区（即甘肃北山预选区）；西北地区甘肃敦煌北山的条件非常优越，是一片与海南省面积相当的戈壁滩，北山经济发展较为落后，周围没有什么矿产资源，建设核废料库对经济发展影响较小。这里气候条件也很理想，全年降雨量只有 70mm。库址所在地有着完整的花岗岩体，而花岗岩是对付辐射的最好的"防护服"。国际原子能机构的专家们在北山进行考察之后称，北山是世界上最理想的核废料库址之一。在西北预选区及其旧井地段、野马泉地段和向阳山地段进行了一些基础性的工作，如研究了甘肃北山及其邻区的地壳稳定性、构造格架、地震地质特征、水文地质条件和工程地质条件等；在旧井地段和野马泉地段 1∶50000 地面地质调查的基础上，施工了 4 口深钻孔，首次获得甘肃北山场址的深部岩样、水样和相关数据资料，钻孔电视图像和钻孔雷达图像等；初步建立了一些场址评价的地质学方法；开展了天然类比研究；参与国际 DECOVALEX 研究计划，在 THM 耦合效应理论分析和模拟研究方面取得了一些进展。建立了系统的选址和场址评价方法技术体系，确定了内蒙古高庙子膨润土为我国高放废物处置库的首选缓冲回填材料，建立了我国首台缓冲回填材料热-水-力-化学耦合条件下特性研究大型实验台架（china-mock-up），获得了一批关键放射性核素的迁移行为数据，开展了初步的安全评价等。针对高放射性超铀废物作为研究对象展开研究，处置场地在花岗岩岩体中进行，预计到 2040 年时能够兴建第一座高放废物处置库。其设想的高放废物处置库建设发展可分为 4 个阶段：

（1）技术准备阶段，对国内外资料进行研究，时间为 1986—1995 年；

（2）选址与场址评价阶段，选取适合我国的高放废物预选场地并进行场址评价工作，时间为 1995—2010 年；

（3）地下实验室与示范处置阶段，对确定的场址建造成地下实验室开展相关实验，时间为 2010—约 2025 年；

（4）处置库建造阶段，在原有实验室基础上建造高放废物处置库，时间为约 2025—2040 年。

结合国外 20 多年的经验和我国的实际情况，核工业北京地质研究院王驹还提出我国开发高放射性地质处置库可遵循以下"三部曲"式的总体实施方案（见图 1-1），即：

（1）处置库选址和场址评价；

（2）建设地下实验室；

（3）建设处置库。

图 1-1 我国高放射性废物地质处置发展阶段示意图

（a）选址；（b）建设地下实验室；（c）建设处置库

《中华人民共和国核安全法》第四十条明确规定："低、中水平放射性废物在国家规定的符合核安全要求的场所实行近地表或者中等深度处置，高水平放射性废物实行集中深地质处置。"《放射性废物安全管理条例》第二十三条规定："高水平放射性固体废物和 α 放射性固体废物深地质处置设施关闭后应满足 1 万年以上的安全隔离要求。"《高放废物地质处置研究开发规划指南》明确了深地质处置开发的主要技术路线和总体设想。根据中国核电未来规模，中国高放射性核废料处置库将耗资数百亿人民币，容量足以容纳中国核工业未来 100～200 年产生的所有高放射性核废料。目前，我国基本上遵循这一总体实施方案开展高放地质处置研究工作。我国已经初步选定几个高放废物预选场地，并从各方面、多领域围绕高放废物处置研究工作展开并取得了一系列成果，已经筛选出甘肃北山新场为地下实验室的场址，初步选定花岗岩作为处置围岩，提出了地下实验室的概念设计，目前已经确定甘肃北山新场为我国首座高放废物地质处置地下实验室场址。以新场场址为基础，完成了地下实验室的工程设计，并于 2021 年 6 月正式开工建设。各研究所、科研单位、高校围绕此场址开展了地质、水文地质、岩石特性等相关科研工作。

世界各国都把安全处置高放废物提到保证核能事业发展、保护环境的高度来认识，并开展了场址评价、核素迁移及工程屏障等一系列研究，取得了一定的成果，但远不能满足工作要求。

1.2 高放射性废物处置方法

高放射性废物主要是乏燃料后处理产生的高放废液及其固化体、准备直接处置（一次通过式）的乏燃料及相应放射性水平的其他废物，高放废物中含有锶、铯和锝、钚、镅、锔等超铀元素。这点与中低放射性废物有所区别。中低放射性核废料一般包括核电站的污染设备、检测设备、运行时的水化系统、交换树脂、废水废液和手套等用品。中低放射性核废料危害较低；高放射性核废料则含有多种对人体危害极大的高放射性元素，例如只需 10mg 钚就能致人毙命。放射性核素，它们具有放射性强、毒性大和半衰期长等特点，它们一旦进入人类生存环境，危害极大，且难以消除。

世界各国要想大力发展核能事业，必须妥善处置好所产生的高放废物，各种核废料处置方法是不一样的。目前，各国采用的办法都是把生产过程中产生的高放废物储存在核电站附近的临时冷水储存池中。但是，这种办法并不能从根本上解决问题。高放废物根据其半衰期特性，一般要数千年，上万年或更长的时间才会衰变到对人类和生物无害化水平。关于高放废物的处置问题，人们考虑过的高放废物处置方案包括核嬗变处理法、稀释法和隔离法等方法。

核嬗变处理法是指从高放废液中分离出长期起危害作用的锕系元素和长寿命的裂变产物，放入反应堆或加速器中使用嬗变方法使其转变成短寿命中低放废物或非放射性核素，经水泥固化后，近地表贮存。采用该法能去除大多数长寿命高危核素而达到使废液对环境危害程度最小。缺点是该处理方法需要成本较高，还处在实验室技术研究阶段，无法在生产中大规模应用。稀释法指对高放废液进行稀释，使其最终达到不会对周边生物圈环境产生危害的排放标准。以锕系核素中的^{237}Np为例，一座1000MW压水堆电站年卸料中含量约10kg，要用6000万吨水稀释后，才能达到排放标准。因此，稀释法对高放废物处理并不适用。隔离法主要指采取一些特殊的方法将放射性核废料与人类生活圈长期隔离，保证现在和将来都不对公众和环境产生不能允许的影响。隔离法也分为很多方案，有南极冰层处置、宇宙处置、洋底沉积层处置、地层处置等。其中，冰层处置存在路途遥远及冰盖的地质演化具有不确定性等问题，宇宙处置这种方案费用极高，而且火箭发射还有失败的风险，洋底沉积层处置指将高放废物倾倒投放到数千米固定海域深海底的深海床处置，利用海洋的稀释、自我修复和调节能力来隔离核废料的放射性，但这种方法对海洋环境的影响无法全面评估，存在一定风险性，现已停止使用。以上这些方案执行难度较大，但都因为处置安全性、成本等问题，不得不搁浅或停留在研究阶段。地层处置主要采取在地下数百米或更深的地层建造最终处置库进行深地层处置。

将核废料埋在永久性处置库是目前国际公认为最安全的核废料处置方式。不过，在西方社会，由于环保人士的强烈反对，政府要找到一个不被反对的核废料永久存放地不是一件容易的事，因此更倾向在中低放射性核废料库中暂时存放，同时期待有更安全、更能被接受的处理技术和方案出现，再做最终处理。为了保证核废料得到安全处理，各国在投放时要接受国际监督。

从以上各种方法的对比来看，在深地层中建造处置库较为现实、安全和经济。目前世界各国采纳实施的方案主要是地质处置法。即将处置库建造在深部地质岩层中，同时采用工程和天然的多层屏障对放射性废物进行安全隔离，以低渗透的天然巨大岩体或地层作为防御屏障。概化后的高放废物地质处置模型如图1-2所示。根据示意图所示，处置库经过几百到几千年后玻璃体废物最终将被破坏泄漏，废物中各种放射性核素将进入地下水中从地质岩体迁移到地表环境及生物圈中来。因此，建造地质处置库之前开展放射性核素迁移特性研究对放射性废物能否安全处置十分重要，是放射性废物地质处置研究不可缺少的一环。国务院"十三五"核工业发展规划要求，预选处置库库址地下环境必须处于非常稳定的、相对封闭的地方，不能对周边的环境和地下水造成影响，或者不能对整个生态造成

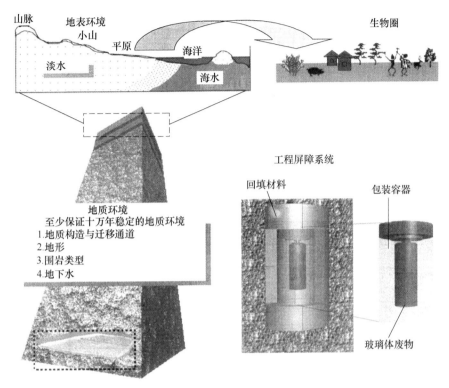

图 1-2　高放废物深地质处置系统示意图

影响。并且地质环境要求非常稳定，因为高放废物需要埋藏在这里几万年。同时还要通过建立地下实验室做各种地质、结构、渗透、放射性物质的迁移等一系列的试验，必须确保该处是稳定的、合适的，适合处置高放射性废物的。

　　高放废物深地质处置指将固体形式的高放废物同人类生活圈隔离起来，不使其以对人类有害的量进入人类生物圈，不给现代人、后代人和环境造成危害，并使其对人类和非人类生物种与环境的影响可合理达到尽可能低。埋藏隔绝深度一般为 500~1000m 的地质体中，埋藏时所进行的地下工程一般称为高放射性废物处置库。高放射性废物地质处置是一项以放射性核素的包容、阻滞为核心内容，以多重屏障（地质介质属于天然屏障，废物体、包装容器和缓冲回填材料等属于工程屏障）为主要手段，以至少千年以上公众健康和环境保护为安全目标的极其复杂的系统工程。它涉及工程、地质、水文地质、化学、环境安全等众多学科领域，集基础学科、应用学科、工程学科为一体，属于综合学科群的攻关项目。因此要想达到长时间隔离目的，取决于处置库中屏障的效用，最终使高放废物对人类和环境的有害影响低于审管机构规定的限值，并且尽可能合理地达到最低，如图 1-2 所示。

工程屏障通常指废物体、废物罐、缓冲/回填材料和处置库工程构筑物等，首先将高放废液进行玻璃固化，再将玻璃固化体装入金属罐。在处置库中这些废物罐周围充填有回填材料。它采用人为手段首先对放射性废物进行有效隔离，其目的是在初期隔绝放射性废物运移进入地下水中，阻滞地下水和核废物固化体发生接触，防止和降低危险性放射性核素与地下水反应而向周边围岩迁移的风险性。

地质屏障包括主岩和外围土层等，一般以巨大的天然岩石作处置库的外壳。这是因为稳定完整的岩体才是确保核素不向外迁移的最强有力的保证。这道屏障对保护放射性物质不对人类和非人类生物种与环境受到侵害有非常重要的作用。一旦所处工程屏障失效后，地质屏障就是阻止进入地下水中的放射性有害物质向生物圈迁移的最后一道关卡。同时，良好的地质屏障也可以阻止外部地下水渗入到工程屏障中，可以保护工程屏障不受破坏，使地质处置库能够安全运行，因此必须通过各种手段来选择和论证恰当的地质屏障。

地质屏障主要由适合于处置物的岩土地质体组成，其也是良好的天然屏障。理想的核废物地质处置介质必须岩石空隙度小、裂隙少、水渗透系数低，岩石体积足够大、具有较强的抗辐射性能和良好的导热性能。可用于放射性废物地质处置的地质介质有盐岩、花岗岩、凝灰岩、黏土岩、玄武岩等，各国具体选择哪种类型的处置岩体与各国所处地区地质构造稳定性、围岩的机械稳定性和地下水活动等实际情况有关系。如瑞士、瑞典、法国、日本、英国、印度等国家正在研究在花岗岩中处置高放废物的计划，比利时在莫尔黏土岩中、意大利在帕斯奎西亚泥灰岩中建造地下实验室，而美国则在内华达雅卡山凝灰岩（用于处置高放废物和乏燃料）和新墨西哥州、卡尔斯巴特（Carisbad）等盐岩（用于处置军事超铀废物）中建筑了中高放射性废物实验处置库（WIPP）。我国多家研究所对全国各地岩土体展开筛选研究，北山地区的花岗岩体作为高放废物地质处置库的候选研究围岩之一。

由于高放射性废物地质处置工作是一项高科技系统工程。在"多屏障系统"研究中涉及各专业学科非常复杂，根据科研和生产需要，本书主要模拟研究工程屏障被破坏后，地下水返回处置库时，与地质屏障（花岗岩裂隙）中的放射性物质相互作用并发生迁移情况，其迁移示意图如图1-3所示。

核素迁移数值模拟最初来自美国科学家对科罗拉多砂岩铀矿床进行研究并形成的卷状地下水后生成矿学说，由此大家开始研究地下水对铀的运移作用。人们利用各种手段对多种放射性核素展开研究，并且由于分子学、水化学、热力学、水文地质学、水动力学等多种学科相关理论多角度的深入研究，使许多核素运移现象在实践和科学解释中得到比较理想的运用。

Taylor最早研究岩石单个空隙水扩散情况，Aris、Broeck又在此基础上展开

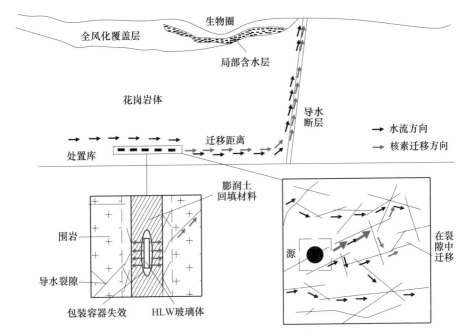

图 1-3　高放废物深地质处置库核素迁移示意图

了深入的研究；Ewing 等人、Roux 等人、Detwiler 等人研究了岩石空隙参数与地下水流动特性之间联系；H. Auradou 计算了岩石裂隙参数对地下水中核素迁移的大小变化。不考虑各空隙互相影响的前提下研究其主要迁移作用，可计算出连续进入和瞬时进入的核素在时间和空间的运动分布特征。

　　20 世纪 70—80 年代，国外对多孔介质中核素迁移进行了大量研究。Bradbury 和 Green 等学者把土柱、砂柱中水分和核素迁移的数学模型引入岩土空隙介质中，推导出裂隙介质中核素迁移的数学模型；Torstenfelt B 研究放射性核素锶、碘、铯、镎、铀等在黏土中的扩散与迁移。后来 Tsang 等人建立起裂隙介质中核素迁移的平行板模型和以地质统计学为基础的通道模型，他们采用计算机手段和实验室研究相结合研究岩土空隙中核素迁移。我国根据一些野外核素运移实验资料作基础推导出在反应条件下核素阻滞和运移的数理方程。从热-水-力学角度推导出一系列方程来解释临界面上核素运移现象，以此为基础对我国西北低放填埋处置库周边地下水核素运移进行模拟计算，成功模拟算出该库库内及周边岩层地下水、岩石环境参数的变化，并把该模型的运用效果和国外计算软件模拟运算的结果作了优劣比较。采用穿透扩散法研究了 Sr、I 和 Pu 等三种元素在花岗岩中的扩散行为，获得了 26℃下离子强度为 0.1mol/L 的中性水溶液环境中 Sr、I 和 Pu 的有效扩散系数。

　　最初认为迁移模型中裂隙介质中迁移的基质域扩散现象是忽略不计的，但经过 20 多年的研究发现基质扩散在特定条件下对迁移也有相当大的影响。Crank 计算出在单边无界恒连续流情况下基质域中的数理方程；Dershowitz 等人也得出一定范围内基质域中核素迁移数理方程。

单裂隙中地下水弥散运移可以采用源汇项的模型方程来计算。Rasmuson 推导出定连续流情况下在单裂隙中核素运移的数理方程；刘金英等人计算出一定时间内瞬时流情况下溶质运移的数理方程。核工业北京地质研究院运用 FEPs (Features，Events and Processes) 分析和情景开发技术，针对北山预选区算井子候选场址的长期放射性影响进行了初步评价。本书将利用拉普拉斯逆变换求解的解析解来计算放射性核素迁移的时空变化情况，再采用计算机模拟计算处置库破坏后的核素迁移分布，以便更准确地研究花岗岩裂隙地下水中的核素迁移规律，为高放废物安全处置评价提供依据。

目前，放射性核素迁移的计算机模拟一般以质量作用定律、热力学、水文地质学为基础在核素在岩土介质中吸附行为的地球化学模拟上，以 K_d 模型和表面络合模型应用居多。其中具有代表性的是美国 Bradbury 等人研究 ^{137}Cs、^{86}Sr、^{99}Tc 等在花岗岩、砂岩等上的吸附及一维扩散，His 和 Langmui 于 1985 年用 TLM 模拟 U^{6+} 在氢氧化铁、针铁矿和赤铁矿上的吸附。Turner 于 1995 年用 CCM 和 DLM 两种表面络合模型亦模拟了 U^{6+} 的吸附行为。

放射性核素泄漏后迁移到周边地下水中，由于和地下水发生作用，其化学形态经常会随周边地下水不同而有所变化，当一种核素呈不同形态时，其吸附行为可能相差很大。化学行为复杂的元素，特别是超铀元素，在不同的地下水化学条件下可能存在的化学形态是多种多样的。了解放射性核素在地下水中的存在形式有助于查明其在岩石中的阻滞迁移行为，同时也能够加深对其在未来发生变化现象的原理解释。MINEQL、MINTEQA2、PHREEQE 和 EQ3 等可用于形态计算。PHREEQE 程序利用离子对效应分别计算酸碱度、物相变化以及在多相物质达到平衡时溶液的各组分和存在形式。程序中包含的物相有元素、溶液形态和矿物。近来，传统的地下水模拟软件纷纷在 Windows 的基础上进行修改、扩充与功能增强，新版本的 PHREEQC-Ⅱ 程序还可以模拟计算一维情况下多种组分相互发生扩散迁移的动态平衡反应过程。人们开始将地球化学模拟与描述流体流动和溶质迁移过程的数值模拟结合起来，形成了反应-迁移模型（reaction-transport model）或水化学模型（hydrochemical model）水文地球化学模型（hydrogeochemical-model）。过去，水动力模型和地球化学模型是各自独立发展的，直至近期，对流-弥散模型与水化学模型相耦合的模型才得以发展成为研究的热点。Butow 等人将地球化学模型（MINEQL/EIR）与迁移模型（FAS）相耦合研究了 Ellweiler 铀尾矿库中核素的迁移规律；Nitzsche 等人将 MODFLOW 和 PHREEQE 联合研究了地下水中铀和镭的迁移规律。近年来，对于饱和带地下水流模拟的研究，进行区域二维地下水流分析的主要软件有 HS3D、SWIFT、TNTmips、Visual MODFLOW 及联合开发的 3D coupled THM modelling。本书将采用水文地球化学模拟软件 PHREEQC-II 来计算分析高放废物处置库预选场地下水核素的存在形态及影响因素并进行核素迁移预测，其模拟结果可以和水动力模型和实验结果相对比印证。

我国在核素迁移的理论模型研究方面的工作比较薄弱，王榕树等人采用数学方程计算一维方向上放射性核素在岩石裂隙地下水运移过程并得到其数理方程，在此基础上探讨各参数对弥散作用的影响程度。由此得出放射性核素迁移主要受迁移物质在水中扩散影响造成，水的运移起辅助作用。史维浚、周文斌等人引入 EQ3/6 软件进行了一系列包括核素镅、镎及钚的存在形式的研究、花岗岩裂隙水-乏燃料、钻孔地下水-页岩、花岗岩平衡水-玻璃固化体的相互作用、镎与钚等在黄土地下水中相互作用及青铜器腐蚀的化学作用过程等模拟研究。张金辉等人选取国内铀矿尾矿库进行计算机模拟，从二维方向对该地模拟计算了地下水流场分布情况，对比该库现场观测孔测得的水位变化数据，了解放射性铀元素在地下水中的真实迁移情况和模拟预测模型结果之间的不同，修正了模型中不合理参数的设置，提高了放射性核素在地下水中迁移模拟的可信度。刘德军等人选取 Tc、Np、Th 等作为处置库关键核素，利用 EQ-CALCS 软件计算地下水中核素的溶解度和形态，获得了不同地下水条件下核素的 Pourbaix 图，确定了核素在地下水中存在的稳定形态。现在，越来越多的研究人员开始采用这种方式来解决放射性核素迁移带来的问题。

目前，计算机模拟技术运用逐渐成熟，对各种放射性核素运移软件的开发也得到很大的发展。当然，目前我国运用到放射性核素迁移方面的计算机模拟程序还比较有限，软件还在开发摸索阶段，但从长远的趋势来看，高级程序开发软件和数值计算技术的引入，必将给我们带来使用更方便、界面更友好、计算能力更强大的放射性核素迁移模拟软件。由此，作为最强大的辅助工具，使用计算机来模拟研究核素迁移行为是最有效的方式之一。

目前，核素迁移的实验室研究主要通过模拟实验来测定描述各种放射性核素迁移的相关参数，以地下水为介质在多种屏障材料（包括废物库外的岩石和地层如花岗岩、页岩、盐岩等）中的吸附分配系数、滞留因子、扩散系数等参数来了解各放射性核素在这些屏障材料中的吸附、滞留、扩散性质，以及在地下水中的行为，同时也研究了放射性核素在各种岩石中的迁移、吸附影响元素。

Keller A A 等人利用野外岩石裂隙中注入核素后采用照相的方式观测其迁移过程，对各种影响其运移的条件进行了讨论。Higgojjw 利用 Am 进行沉积物中的吸附实验。日本与瑞典科学家讨论温度、pH 值对 Np(V) 在膨润土中吸附的影响，并利用表面络合模型解释实验数据来说明 Np 的吸附特性，估算了分配系数与液固比的关系。由于边界条件与实验方法的不同，许多实验室的扩散系数推导方程非常复杂，如 Yngve. Albinsson 等人进行了相关的工作。Chung Kyun 等人则证实扩散系数会受吸附材料表面积影响。Masaki 等人、De-cheng Kong 等人研究 Np(Ⅴ) 在不同扩散基质中的扩散行为后，认为 Np(Ⅴ) 在这种材料中的表观扩散系数与温度是负关联关系，通过对表观扩散系数测量值与计算值比较推导出 Np(Ⅴ) 的扩散受毛细扩散机理控制。目前的总体发展趋势为实验尺度不断放大，实验装置不断改进，不仅进行单核素实验而且进行混合核素实验及模拟处置库条件下核素的迁移实验。

在现场实验方面，Neretnieks 等人对岩石中扩散影响因素做了统计。Bradbury 等人对泥岩、混凝土等岩土的扩散阻滞影响因素做了一些实验。在瑞典的 Stripa 地下实验室裂隙岩体中进行的示踪剂现场迁移实验，主要研究了裂隙岩体中水流和核素迁移的主要特征；Birgersson 等人也在该实验室地下深处进行了扩散实验，研究了天然应力情况下核素向基质域扩散程度，并对相关参数进行讨论。Ohlsson 等人对岩石扩散做了一系列的调查。Rebour 等人对饱水岩石中的分子扩散情况进行了实验。S. Xu 等人对结晶盐进行了扩散实验，经过实验发现结果与野外数据有很大的不同，说明室内实验只可以表示核素在岩石地下水中迁移的一些特性。D. R. Fröhlich 等人采用 C-14 对在瑞士硬泥岩地下水腐殖酸中吸附 Np(Ⅴ) 进行了研究；国外 Decovalex 机构也对高放废物处置库中的各种核素迁移问题进行了相应的研究。

我国由于核电起步较晚，因此在这方面的研究起步也较晚。李祯堂等人研究了核素锶 ($^{85+89}$Sr，载体为 $SrCO_3$)、铯 (^{134}Cs，载体为 CsCl) 在页岩中的分配系数和吸附性能的影响。北京大学 1988 年开始研究均匀花岗岩片中的核素 ^{129}I、^{75}Se 吸附、滞留、扩散与渗透等行为，测得弥散系数、孔隙流速、吸附速率常数等模型参数。中国原子能科学研究院庄慧娥、复旦大学陆誓俊、叶明吕等人研究矿物表面和岩石表面的吸附行为，毛家骏等人研究了放射性铀在盐环境中的吸附行为。中国原子能科学研究院曾继述等人研究了 ^{237}Np、^{239}Pu、^{241}Am 在膨润土与矿物中的吸附行为。王榕树等人研究了放射性核素 ^{226}Ra 在地质介质中的迁移。李春江等人采用测定花岗岩扩散池模拟单裂隙情况下 ^{125}I 和 HTO 在其中的扩散运移，研究了岩石阻滞和扩散的模式，得到了几个关键参数数据。苏锐等人也采用柱法得到 ^{134}Cs、^{57}Co、^{99}Tc 在花岗岩裂隙域和基质域中的阻滞系数、弥散系数等参数。周舵等人采用脉冲源法测定了锝在北山预选场址花岗岩中的弥散系数。王波等人研究了 Am 在巴音戈壁黏土岩上的吸附行为。

国内核素迁移的野外现场实验研究工作做得不多。中国辐射防护院在与日本的 10 年合作研究期间，在山西榆次的近地表黄土进行过核素迁移研究。中国辐射防护研究院进行了 ^{238}Pu、^{237}Np、^{90}Sr 和 ^{134}Cs 等放射性核素在包气带、潜水中的运移试验测定工作，取得了一系列不同放射性核素在各种岩土介质中的运移扩散分布数据。

通过对比可知，国外在实验室和现场核素迁移研究方面越来越重视岩石和地下水对核素迁移的阻滞作用的深入研究；能在地下实验室进行深入的、大规模的复杂的三维核素迁移实验；并能通过野外勘探结合深钻孔进行现场大规模核素迁移实验以获得处置库安全评价所需的水动力参数、介质参数和水化学参数。我国科学家对放射性核素在工程屏障膨润土中的化学行为研究较多，而在实验室研究岩石介质的性能和行为相对较少。实验研究比较零散，实验技术有待完善，核素迁移规律还没有得到充分阐明，核素迁移模式还需要进一步研究，实验数据的积累也不够。和国外进行的研究相比，国内所进行的野外实验仅仅起步，地下实验室还在建设之中，对预选定场址的处置库中放射性核素的现场运移实验还没有进行，模拟实验也还处于初步研究阶段。

鉴于放射性核素对生物危害很难察觉、污染后不易恢复、能通过各种渠道对环境进行迁移、风险非常大、长寿命等特征，从而对周围的生态环境造成严重的潜在危害，有许多学者进行了这方面的研究工作。但是由于研究涉及的范围太广，内容太多，并且我国高放废物处置库核素地下水迁移工作起步较晚，根据掌握的资料、现实科学研究的需要以及目前的认识程度和研究水平，认为可以解决以下3个方面的科学问题：

（1）如何通过选择合适的放射性核素作为研究对象，建立核素迁移载体的运动模型，来考虑地下水在研究区围岩中的运移问题；

（2）如何了解放射性核素在处置库预选场地下水中的水化学变化情况，以及核素在地下水中的迁移运动时空变化问题；

（3）如何通过实验了解放射性核素在花岗岩裂隙地下水中的扩散和吸附阻滞特性问题。

高放废物地质处置的目的是保护环境、保证人类的健康，由于高放废物的特殊性，对其安全处置要求至少是上万年，甚至上百万年；同时由于高放废物深地质处置的"多屏障"系统设计，各种核素向生物圈的迁移空间不仅包括回填材料等组成的工程屏障，也涵盖了从处置库到生物圈的整个地质屏障，这些都使得高放废物处置系统中的放射性核素迁移变得十分复杂。本书研究探讨了放射性废物进入花岗岩裂隙地下水中的核素迁移问题，期望为高放废物处置库的建造、运行、安全评价研究等方面做一些基础性的研究。研究内容涉及核废物预选处置场地区环境特征、基岩核废物处置场地下水运动模型、核废物处置场地下水中核素行为、核素迁移地球化学模拟以及迁移预测、核素吸附阻滞实验等几个方面。具体研究内容由以下5部分组成：

（1）通过对预选处置场研究区的区域地理、区域地质环境条件和水文地质特征与水动力特性进行研究和分析，为建立核废物处置预选场地下水迁移模型提供基础；

（2）建立放射性核素铀、锶在研究区花岗岩裂隙地下水的运动方程和迁移载体的运动模型并求出解析解，以此研究地下水中铀、锶元素在研究区围岩中的迁移行为预测情况；

（3）利用野外深部钻孔和出露泉水取样分析资料，采用水文地球化学模拟软件 PHREEQC 计算并模拟对比分析地下水和泉水，以及污染物（铀、锶）进入地下水后的主要元素存在形态和所受影响，以了解研究区地下水中的放射性核素铀、锶存在形态分布情况，为下一步采用 PHREEQC-Ⅱ 模拟高放废物处置库预选场旧井地区地下水中铀和锶元素的迁移提供依据；

（4）利用模拟软件 PHREEQC-Ⅱ 对研究区地下水中放射性核素铀和锶元素的迁移进行模拟，对核素进入研究区后浓度随时空分布的情况进行模拟，并模拟分析不同参数对该研究区地下水中铀和锶元素迁移的影响；

（5）采用批式法实验研究放射性核素铀在北山花岗岩裂隙地下水中的扩散和吸附阻滞特性，对地下水中的铀在花岗岩中的吸附阻滞机制及影响因素进行实验和分析。

通过资料收集和总结前人的经验，结合本书内容，决定采用以下技术方案开展本书的编写工作，本书具体研究工作的技术路线如图 1-4 所示。

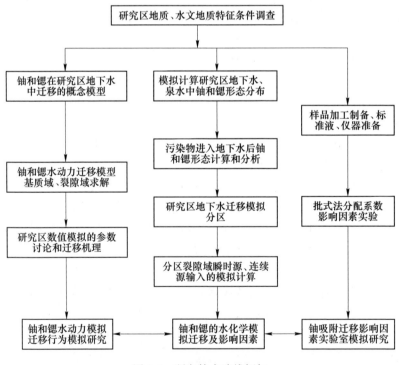

图 1-4 研究技术路线框架

2 预选处置场地区环境特征

2.1 区域自然环境

2.1.1 北山地区自然地理特征

北山预选场研究区的场址处在甘肃省玉门市玉门镇以北 60km 的北山地区范围内，属于甘肃省肃北蒙古族自治县马鬃山区和玉门市共同管辖。北山地区指河西走廊至中蒙边境、巴丹吉林沙漠以西甘肃和内蒙古的部分地区。研究区处于北纬 40°57′~41°11′，东经 97°58′~98°17′，面积约为 550km²。研究区以南有兰新铁路和公路 312 国道穿过，区内有一些简易的矿区公路通向酒泉市，各处又相对较平坦，因此相对来说比较方便。

北山地区西北部最高处为马鬃山山体，山势西高东低，主峰海拔高度为 2583m。其南坡陡峻，北侧平缓，风化剥蚀强烈。向东一直延伸至二道明水一带，海拔约 1700m。再向东主要为低山丘陵和山间盆地相间地区，相对高差较小，一般在 50~150m 之间；至东部的尖山一带时海拔高度为 1600~1700m。再向东延伸至石板井一带，此时慢慢过渡为比较平坦的丘陵地形，相对高差仅 50~100m。最后延伸进入走廊平原地区。

整个走廊平原总的地势是东高西低，南高北低，在嘉峪关、赤金镇一带地势相对来说较高；处于西部的玉门镇一带，地势相对较低，一般标高海拔为 1400~1700m，地形比较平缓，相对高差一般都小于 100m。丘陵山地中基岩裸露，植被非常稀少，荒漠戈壁景观非常突出。基岩山地之间发育有规模较小，宽度不等、长年无水的冲沟，其上覆盖有少量第四纪冲积物。

研究区内主要为戈壁低山丘陵地形，植被很少，只有少量骆驼刺等比较抗旱的植物生长。总体来说南部较高北部较低。南部基本上为低山区，由华窑山-帐户山-半滩南山系列山体组成，呈北西西走向，山脊非常陡直，呈"V"字形下陷，海拔在 1670~1834m 之间，相对高差约 165m；北部主要为丘陵地区。由大量比较平坦的岩漠组成，一般为花岗岩体，基本处于同一水平面上（海拔1700m）；发育有两条北东向洼地。东侧为旧井-板滩北东向洼地（旧井盆地，海拔 1640m），是区内的主要汇水地带；南部为板滩洼地，地势非常平整；西侧为北东向洼地，面积相对较小，又称为半滩，一般发育有长条的泥漠。

2.1.2　主要气候特征

研究区处于中亚内陆地区，气候为典型的半沙漠大陆性气候，由安西气象站及野马泉气象站历年气象资料可知，夏季非常炎热，温度最高时达到37.3℃，冬季则比较寒冷，最低时气温可以达到-28.3℃，年平均气温4~6℃，昼夜温差较大，可以达到20~25℃；由于研究区处于内陆腹地，和海洋距离非常遥远，基本上不受海洋气候影响，并且地理纬度和海拔高度较高，因此降水量较小，蒸发量非常大，干燥多风，植被非常稀少，冬冷夏热。由于北山地区人口稀少，目前没有建立气象观测站，只能收集到1958—1976年几个气象站（西部野马街（当地又名吉柯德）、东部梧桐沟、呼鲁赤古特气象站）的观测资料作为依据来对研究区气候进行分析，这几个气象站的统计资料及其主要气象特征见表2-1。

表 2-1　主要气候特征

气象站	平均气温/℃			年降雨量/mm	年蒸发量/mm	相对湿度	绝对湿度/%	8级大风日数/d		站区标高/m	资料年限
	多年平均	最高月均	最低月均					年平均	年最高		
野马街	3.9	18.9	-11.6	78.7	3086	40	3.5	43.3	71	1962.7	1958—1976年
梧桐沟	6.8			78.5	3538	36	3.9	57.2	79	1591.0	1966—1976年
呼鲁赤古特	7.7	25.7	-11.8	4.7	4117	33	4.1	96.9	125	1073.0	1966—1976年

研究区内常年经常刮风，风向主要为西风或西北风，而3~4级风比较常见。根据表2-1中当地气象观测站多年资料可以知道，野马街每年平均刮8级大风的天数为43.3d，刮风最多的一年甚至为71d，而北部地区则更高，年平均8级大风日数可以达到96.9d，最高的一年达到125d。

由统计资料还可以了解其年内平均变化，一般冬季主要为西北风，夏季多发生东风及北风，而春、秋两季则刮风天数较少，平均风速4.9m/s，最大风速可达到26m/s。特别是这几年来干旱，生态环境逐渐恶化，春季经常有沙尘暴灾害。

研究区降雨主要集中在春季，南部暖湿气流向北流动，使当地降水量显著增加，特别在7月和8月雨量达到最大，一般为短暂的暴雨方式进行，雨量较少并且分布不均，有时候会因为短时暴雨产生山洪和泥石流；根据野马街气象站20年左右资料分析可知（见表2-1和图2-1），在7月时其最大降水量可以达到63.5mm，最大日降水量为23.4mm，即使在干旱的1978年，月降水量亦达

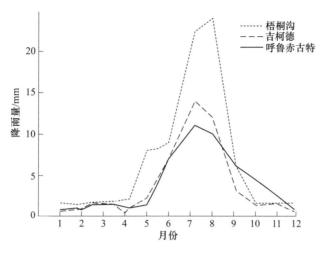

图 2-1　各气象站多年统计的月平均降雨量曲线图

23mm，占当年前 8 个月降水量 50%以上。9 月秋季来临之后，当地气候开始变冷，北方西伯利亚寒流向南进入，降水量开始减少，一直延续至冬季，此时气候干燥寒冷，降雨量减少得非常明显，有时候数月当地没有降雨。10 月开始降雪封山，11 月到次年 3 月间一般为冰冻期，当地的冻土深度可达 30～244mm，一直到 4 月才开始解冻；总体来说研究区降水稀少，降雨一般仅产生在 6—8 月，年平均降水量只有 78.9mm，但是年蒸发量却高达 3130.9mm。

研究区气温东西部变化不大，西部年平均气温约 4℃，年蒸发量约 3100mm；东部年平均气温约 5℃，年蒸发量增高至 3500mm 左右，从表 2-1 和图 2-1 中的统计分析资料来看，1 月时当地气温最低，平均可达−11.6℃，而蒸发量为 50～60mm；7 月气温高达 22℃，蒸发量增加到 500～600mm。由此可判断，研究区内蒸发量与当地气温有比较密切的正相关关系。

2.2　北山地区区域地质特征

2.2.1　地质构造

根据甘肃省地质局调查资料可知，北山地区处于天山阴山东西向构造带上。其上覆盖有万米厚的古生界和接近 5000m 的中新生界地层，并且经过多次大地构造运动，同时还被大量的岩浆侵入和火山活动破坏，整个地区存在大量褶皱和断裂，岩石变质和混合岩化比较强烈。

预选场址位于疏勒河以北的北山地区之内。北山地块在大地构造上分布于塔里木-中朝板块中段以北，处在北疆-兴蒙构造系中段部位的重要地带上。其西部与新疆塔里木盆地、东天山相连，南部以疏勒河（也为大断裂）为分界线，东部经过巴丹吉林沙漠进入华北古板块的阿拉善地区，北部和蒙古戈壁的阿尔泰构造带相接，一般和西部天山造山带一起构成古生代造山带。区内构造发育较好，主要为北西西-近东西向构造；而北东向断裂也在甘肃，新疆交界地区有一定程度的发育，如图 2-2 所示。

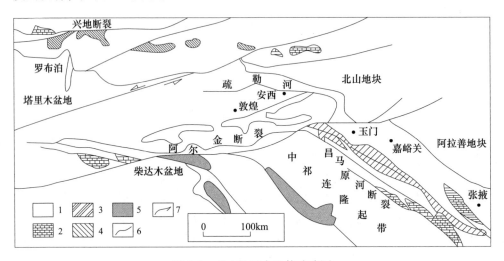

图 2-2 北山地区大地构造略图

1—前寒武纪结晶基底；2—中奥陶统浅海相碳酸盐岩、碎屑岩；

3—下、中奥陶统蛇绿岩；4—下、中奥陶统中、深海相浊积岩；

5—上奥陶统中酸性火山岩；6—其他断裂构造；7—阿尔金断裂系

研究区内发育有大规模的花岗岩体，其厚度可以达到数公里，属于比较理想的处置库围岩类型。其周边如南侧、北侧及东侧均揭露出大片完整的厚度极大的变质岩石，接受历史上反复造山运动的变化，岩体中发育有较多的裂隙和破碎带。总体来说有三大类构造带，包括北西向、东西向及北东向构造带，以北东向构造规模最大。由于这些构造均为非活动性质，所以对研究区中的岩层稳定性影响不大。

2.2.2 区域花岗岩岩体特征

根据调查可知，区域内出露于地表的地层主要有前长城系敦煌岩群、长城系咸水井群变质岩系和第四纪松散堆积层。整个地层系统主要由结晶基底和第四纪盖层构成。前长城系敦煌岩群一般为一套中级变质岩系。长城系咸水井群为一套低级变质岩系；第四系由全新统组成，主要分布于受断裂控制的北东向洼地。

区内出露前长城系石英云母片岩和不同时代的花岗闪长岩、辉长岩、闪长岩、花岗岩等侵入岩，以及花岗伟晶岩脉、斜闪煌斑岩脉、闪长岩脉及细晶岩等脉岩。

研究区内岩石构造地质变异，造成原来结构、构造都非常均一的花岗岩岩石，在结构、构造形态、矿物的局部组合、含量乃至岩石化学成分等方面发生重组和改造，最终形成具有各种外貌特征的岩石。综合而言，研究区花岗岩体的主要侵入期次为加里东期和海西期。

加里东期花岗岩体自西向东分布在研究区的北半部分，出露面积占整个研究区的1/2以上。岩性为似片麻状中-细粒似斑状英云闪长岩，但也有少量为黑云斜长花岗岩，灰白色，半自形粒状结构。岩石由斜长石（30%～35%）、钾长石（微斜长石，30%～35%）、石英（25%～35%）、黑云母（5%～7%）及少量角闪石组成。

海西期花岗岩体呈岩基或岩株状分布在旧井、二月井、板滩及半滩南部地区，为浅色中粒黑云母二长花岗岩。分布于加里东期英云闪长岩体南缘，与后者呈侵入接触。此外，在板滩北部也有海西期花岗岩呈岩枝状零星出露，侵入于加里东期英云闪长岩体中。海西期花岗岩的岩性主要为中-粗粒（似斑状）黑云母二长花岗岩，部分为黑云母斜长花岗岩，其形状如图2-3所示。除在挤压带附近形成碎裂花岗结构或碎斑结构外，其余均为花岗结构、块状构造，结构较致密。该岩石由石英（25%～35%）、斜长石（60%～65%）、钾长石（微斜长石，5%～6%）和黑云母（±10%）组成。

图 2-3　北山地区野外花岗岩体

2.3 区域水文及水文地质特征

2.3.1 区域水文特征

区域内常年性地表水系主要集中在北山地区的西北部走廊地区，自西向东依次有疏勒河、石油河、赤金河、北石河等，这些河流均发源于北部祁连山地区。疏勒河从出山口自南向北流动，到玉门镇后转向西部，最终流入罗布泊沙漠，其他河流主要为自南向北流动。

研究区内则很少有常年性地表水系，一般都为季节性洪水冲刷而成的冲沟。按照区内地表水流动循环的特点，冲沟一般可以划分为三种类型。第一种类型是源头在北山地区外流入研究区，再在研究区外排泄，如苦泉沟、红柳河等。第二种类型是源头在北山地区，再在研究区外排泄，如麻黄沟、咸水沟、蒜井子东沟等。第三种类型是源头在北山地区，再在研究区内排泄，如北骆驼泉沟等。

据前人研究成果，当降水量大于 5mm/d 时，当地冲沟中常有洪水发生。丘陵山区洪量规模和冲沟所处的地貌单元、汇水面积、降水特征等因素有密不可分的关系。当地冲沟中，在丰水年时每年会出现 5~6 次洪流，平水年会出现 2~3 次洪流，但是在枯水年却每年只有 1 次。每次洪流历时一般约为 3~4h，在一些规模小的冲沟中洪流历时约 1h 沟中就断流了。沟中水冲刷夹带很多泥沙，一般为土黄色，含砂量为 5%~10%。洪流大部分沿途下渗补给地下水。剩余洪水汇集于地势低凹处，形成暂时性地表水体，经过强烈的蒸发作用，几天之后就消失殆尽，地面沉积一层黏性土，干后发生龟裂现象，称为"黄泥滩"，它是洪水最终归宿地的象征。

研究区有泉水 30 余处出露，多集中于马鬃山至三道明水中低山区，其他地段仅有零星分布。

2.3.2 区域水文地质特征

2.3.2.1 地下水类型与分区

整个区内主要赋存地下水。要使岩土中富含水分，一般至少需要两个基本条件，首先要有较好的补给，其次必须拥有容纳地下水的岩土空间。其能够容纳水的多少，对岩土中含水量的大小起非常重要的作用。从补给来看，研究区内海拔不高，均为丘陵矮岗，当地地下水主要来自丘陵地区降雨汇聚而成。而且当地处于干旱荒漠地区，虽然每年降水较少，只有 60~80mm，不过由于雨量一般集中在 7 月和 8 月，对形成当地地下水有良好效果。而且丘陵荒漠地区地势较为平坦，水流动较慢，降雨下渗后容易形成地下水。从储水空间来看，区域内岩层中存在几条断裂构造，且岩石中节理、裂隙较为发育，能够容纳下渗的降雨，提供较好的储水空间。但由于各个区块构造发育程度不一样，地形地貌有一定区别，所以水动力特征也有一定的差异。对收集到的资料进行研究，通过地下水的形成条件对整个区域地下水进行分类，可以划分为山地基岩裂隙水、沟谷洼地孔隙-裂隙水和盆地孔隙-裂隙水三种类型，如图 2-4 所示。

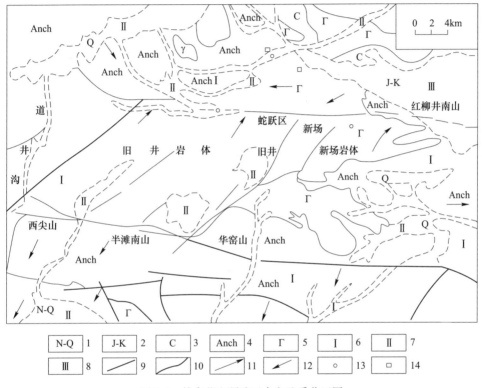

图 2-4　甘肃北山预选区水文地质分区图

1—第三系和第四系；2—侏罗系和白垩系；3—石炭系；4—前长城系；5—花岗岩；
6—山地基岩裂隙水区；7—沟谷洼地孔隙-裂隙水区；8—盆地孔隙-裂隙水区；
9—水文地质分区线；10—岩性分界线；11—断裂；12—地下水流向；13—钻孔；14—民井

2.3.2.2　山地基岩裂隙水

山地基岩裂隙水在研究区内分布最广泛，主要分布在浅部，为无压地下水，其埋深随当地地势变化而发生变化，较低的沟谷地区埋藏水位较浅，约 5m，丘陵地区较深，为 10~30m。这种地下水由于赋存的岩石裂隙不同而细分成风化裂隙水（赋存于风化裂隙）与构造裂隙水（赋存于构造裂隙）。区内以风化裂隙水为主，通过大气降水作为补给来源，降水顺着花岗岩风化裂隙下渗补给，不过由于降水量较少，一般只有降水量较大时才能下渗形成，故这种形式的地下水水量较小。不过由于当地地形地貌和其他地质条件存在差异，裂隙中的含水性也就存在显著不同。根据当地水文地质调查资料，岩浆岩中赋存的水量相对较大，单井涌水量 0.01~1.6L/(s·m)，与之相比，变质岩和沉积岩中赋存的水量较小，单井涌水量一般小于 0.01L/(s·m)。

构造裂隙是花岗岩和变质岩等岩石在构造应力作用下形成的最为常见的裂隙，处于低矮山地丘陵之中。构造裂隙水为地面浅部降水和短暂积水下渗后补给到构造裂隙带中所形成，充水多少受裂隙性质、发育特点（发育程度、规模、张开和充填情况等）和补给条件等因素的影响，不同部位的富水程度相差悬殊。当地研究区存在许多降水洪流冲刷形成的冲沟和凹地，其地表以下含水量相对较丰富。由于当地水文地质钻孔资料较少，其研究工作主要针对当地泉水和当地游牧群众在此开挖的井进行，研究区这种类型的泉水露头较少，由于所处地区为花岗岩地区，基岩非常坚硬，不易往下挖掘，故整个研究区属于本类型的井也不多，比较有代表性的主要有两口矿井。一处位于研究区以北，为停止开采的金矿井，处于接触破碎带上，井深 13m，水深 12m；另一处也是金矿井，目前还在使用，位于金庙沟，处于变质岩岩体中，井深 60m 左右，开采过程中水深 10m 左右。

山地基岩裂隙水的地下水流动情况，受当地地势走向、地貌、基岩岩性及大地构造分布的控制，在风化剥蚀较厉害，冲沟较深的花岗岩地段，地下水沿水平方向流动较多，短期流量变化较大。地下水流动较快，水交替程度较好，矿化度相对较低。主要表现在研究区以北山地地区，花岗岩发育规模较大，有大量的丘陵冲沟，风化构造裂隙较强，故水交替程度较好。在一些相对比较平坦的荒漠地区，存在一些变质岩岩体，地下水流动速度较慢，且连通性较差，水交替程度不好，形成的地下水矿化度较高，水质较差。主要表现在研究区以南一部分地区，该地区地形起伏较小，地表下切不大，地下水流动非常缓慢，并且流动不畅，一般容易形成高矿化度的地下水。

山地基岩裂隙水主要通过蒸发方式消失进入大气中，只有少部分通过地下水流动的办法流入下游局部大裂隙网络中，最后进入深层地下水中形成深部地下水。

2.3.2.3　沟谷洼地孔隙-裂隙水

研究区沟谷洼地较多，其上覆盖有厚度不均的第四系沙砾石层，厚度总体来说在 10m 以下，由上游风化基岩冲积形成，相对比较松散，含水量较大，一般在 100m³/d 左右，形成潜水含水层；其下主要为基岩风化壳或构造破碎带，裂隙水赋存风化裂隙或构造裂隙带之中。比较典型的为 H_{11} 号钻孔揭露的花岗闪长岩构造破碎带，其上有经常通过短暂洪流的冲沟，该处常有地表径流下渗，含水量较大，根据甘肃省第二水文地质队野外钻孔资料，H_{11} 号钻孔的涌水量为 1054m³/d。

H_6 号钻孔的涌水量为 985m³/d。上部潜水和下部裂隙水之间相互联系或连通，可划分为一个含水层，井深通常低于 10m。其富水程度主要受沟谷洼地规模、第四系沙砾层厚度的影响，一般说来，汇水面积越大，含水层厚度越大，则地下水就越丰富。沟谷洼地孔隙-裂隙潜水的主要来源是暂时性地表积水或洪水的入渗。沟谷潜水主要通过蒸发进行排泄，其次是沿沟谷方向以潜流的方式向下游排泄，在基底岩石隆起处地下水受阻而常以泉水形式出露地表；洼地潜水则主要以蒸发的方式进行排泄，其次是补给深部基岩裂隙水。

在研究区内，此类型的井和泉水相对来说较多，例如旧井、枯水井、咸水井、月亮湾井、蒙古井等，一般都分布在洼地的第四系松散沉积物里，井深一般小于 7m，水深 2~4m，井中涌水量较小，在 10m³/d 左右；而出露的泉主要有乌龙泉、前红泉、一道井泉等，一般处于冲沟最末端较低的洼地中出露溢出，泉旁有比较清晰的盐渍化现象。

2.3.2.4 盆地孔隙-裂隙水

研究区以北和东北部分布有多个山间盆地，南部戈壁平坦地区分布有多个断陷盆地，这些盆地都为中、新生界形成，主要覆盖着侏罗系、第二系和第四系地层，其赋存的地下水有自身的特点。其含水层分布为层状，上层为潜水含水层，水位埋深约 10m，为大气降水或上层渍水的下渗形成；下层为基岩裂隙承压含水层，来自上游含水层流入。其水量分布与盆地大小、地质岩性和裂隙多少有关，没有一定规律。涌水量在 10~1000m³/d 之间变化。

2.3.2.5 断裂构造的水文地质意义

由当地地下水分类可知，花岗岩和变质岩岩体中的构造破碎带对地下水的流动具有十分重要的影响，它能提供较为重要的储水场所，同时还可以连通各种不同类型水流动的裂隙导水通道，最终构成比较复杂的网状导水系统。因此必须研究研究区裂隙系统中的水文地质特征规律。不过由于该地区野外工作相应的野外钻探数据不多，对该地区的断裂构造中的水量、水质、水力联系等性质研究程度还不够，根据前人公布的成果和野外进行的调查工作来看，研究区内断裂构造主要为东西向，由南北两个方向的地块向内运动造成，从岩石切面可看出为压性和扭性，断裂破碎带具富水特征，对本地区的地下水流动有很大的影响作用；并且到印支期时地壳再发生运动而造成岩体中出现次级断裂。其断裂发育不大，影响本地区的地下水流动分布有限，并且由其岩性决定岩体富水程度不高。以十月井为例，该井处于研究区基岩断裂上，由于长期风化作用被风化物充填满，井深约 2m，水深才 0.5m，井水被疏干后，由于含水层水量较小，水位回升得非常缓慢，观察 10 天也没有回到初始水位。

2.3.2.6 区域地下水的循环交替

由当地地下水来源分类可知，北山地区地下水大部分源自当地降雨，不过由于地处内陆干旱地区，每年降水稀少，而且蒸发非常强烈，故下渗进入地下水的水量非常有限，因此可以认为整个北山地区地下水总量非常短缺。另一方面，北山地区花岗岩岩体分布十分广泛，其裂隙系统分布十分没有规律，并且连通性较差，造成其水量在各个地方分布极其不平均。地下水水量较大的都集中在一些较封闭的沟谷和洼地地区，例如研究区的旧井、下游的板滩洼地。最后，研究区地下水的排泄方式也有所不同。以地面蒸发为主，地下径流排泄为辅。地面蒸发受埋藏深度影响较大，地下水埋藏较浅时，水非常容易蒸发，而埋藏较深时，水不容易蒸发，使地下水在地下得以较长时间停留。而径流排泄以水平方向为主，沿构造裂隙方向流动，尽管水量非常有限，但对于作为高放废物处置库预选场址来说更具有研究意义。它有可能驱使和携带核素在长时间大尺度情况下发生迁移。

因此，研究区地下水来自降雨下渗，沿着断裂破碎构造汇集形成，大量地下水通过蒸发排泄进入大气中，少量地下水沿裂隙系统以地下径流方式向下游平原地区排泄，形成整个区域地下水的交替循环运动。

2.3.2.7 区域地下水动力特征

从整个北山地区区域来看，东部和西部较高，北部和南部较低。东部和南部周边均有山体隆起阻挡地下水的流动，整个区域内地下水流场很难判别准确的流向。按丘陵地形高低，北山北侧地下水沿北东向流动流入平坦荒漠地区；南侧地区地下水总体上沿岩石断裂带往南缓慢运动，最后进入走廊后被阻隔流出；西侧和东侧地区的水流向均有往东方向的趋势。而在作为研究区的旧井盆地，地下水主要由北向南流动。目前对于整个北山地区，由于揭露的地下水钻探资料不足，完整准确地描绘出整个区域的地下水流场形态有很大的困难。

2.3.3 旧井地段研究区水文地质特征

旧井地段作为我国高放废物处置库甘肃北山预选区的一个重点预选地段，处于北山地区中部。区内主要为低山丘陵地形，总体地形北部较高南部较低。区内花岗岩类归类于塔里木板块北缘北山南带构造岩浆带的一部分，所形成的花岗岩类地质体均比较完全，一般以面积较大的基岩形式出现。

研究区内断裂构造比较明显，由于华力西晚期主造山期推覆构造与印支-燕山期形成的 NE 向断裂、EW 向逆冲断裂构造等在不同时期作用在本地区，使区内岩石地层单位形成大面积类似于平行四边形的块状体，主要有 EW 向断裂和 NE 向断裂两种类型。EW 向断裂构造又分为南侧和北侧两条区域性大断裂带。南侧断裂带主要由帐房山-华窑山断裂、半滩南-华窑山北断裂等断裂构成；北侧断裂带由两条十月井北-黑包北断裂构成。而 NE 向断裂则相对比较发育，将研究区内岩石割裂成菱形块状，断裂主要有旧井断裂与半滩东-十月井西断裂等。

这些断裂构造对本区地下水的流动特征有相当重要的影响。

　　根据研究区内野马泉及周边地区野外水文地质调查资料整理分析可知，区内地下水的化学特征是偏碱性和处于还原状态的咸水，水化学类型主要为 Cl-SO$_4$ 型；地下水的氧化还原电位 Eh<0，地下水处于还原环境；水中有机质含量很低，由于地下水流动较慢，研究区总矿化度普遍较高。区内涌水量及单位涌水量随深度增大明显减小，最小为 0.216m^3/d。深部地质环境地下水补给缺乏，含水性微弱。

2.4　小　　结

　　（1）北山研究区处于中亚内陆地区，气候为典型的半沙漠大陆性气候，年平均降水量较小，约 78.9mm，年蒸发量非常大，高达 3130.9mm。干燥多风，植被非常稀少，冬冷夏热。

　　（2）研究区主要为戈壁低山丘陵地形，总体来说南部较高，北部较低，处于天山阴山东西向构造带上。区内构造发育较好，主要有三大类构造带，均为非活动性质，对研究区中的岩层稳定性影响不大。研究区内发育有大规模的花岗岩岩体，其厚度可以达到数公里，属于比较理想的处置库围岩类型。

　　（3）研究区内很少有常年性地表水系，一般都为季节性洪水冲刷而成的冲沟。沟中水冲刷夹带很多泥沙，大部分沿途下渗补给地下水。整个区内主要赋存地下水，有泉水 30 余处出露，多集中于马鬃山至三道明水中低山区，其他地段仅有零星分布。

　　（4）地下水主要来自丘陵地区降雨汇聚而成。断裂破碎带具有富水特征，对本地区的地下水流动有很大的影响作用；各个区块构造发育程度不一样，水动力特征有一定的差异。作为研究区的旧井盆地，地下水主要由北向南流动。大量地下水通过蒸发排泄进入大气中，少量地下水沿裂隙系统以地下径流方式向下游平原地区排泄，形成整个区域的交替循环运动。通过地下水的形成条件对整个区域地下水进行分类，划分为山地基岩裂隙水、沟谷洼地孔隙-裂隙水和盆地孔隙-裂隙水三种类型。

3 核素在花岗岩裂隙地下水中迁移模拟

3.1 概　　述

为了了解高放废物预选处置场花岗岩裂隙地下水的运动情况，首先必须建立花岗岩裂隙地下水的运动方程，通过了解核素迁移载体的运动模型，来考虑地下水在研究区围岩中的运移情况。在高放废物处置库中，当人工屏障失效后，高放废物进入天然屏障，也就是进入废物库外的地质体。我国初步选用的是花岗岩围岩岩体，因此本书所述的放射性物质在高放废物处置库围岩的迁移问题即为分析核素在花岗岩体中的迁移。旧井地段位于甘肃北山重点预选区，该区出露的主要岩体为花岗岩体。核工业北京地质研究院对该区开展过地表地质调查、钻孔施工等一系列场址评价工作，总体上认为该区是一处合适的预选地段。本书以旧井地段作为研究区，主要研究地下水在研究区围岩中的运移情况。

作为处置库的地下岩体，在长期的地质变化作用过程中，遭受风化、剥蚀、变质等动力地质作用，形成其特定的岩石成分和结构，赋存于一定的地质环境中。研究区花岗岩岩体中发育一定数量的裂隙，其中富含裂隙水。裂隙介质中由于各个裂隙之间的大小、形状和连通性各不相同，裂隙各自分布或者同一裂隙的不同位置运动状态也都各不相同，因此裂隙介质中的核素在地下水中的迁移机理比在孔隙介质中更难研究。但从区域上看，地质体中裂隙地下水介质中的水流整体上是流通的，由此可研究整个裂隙介质中核素迁移的总体分布情况。当地质岩体中发育一些断层和导水通道时，更容易加速地下水的流动，促使放射性核素向周边围岩迁移。本书主要研究放射性污染物进入高放废物预选场的花岗岩裂隙介质中的迁移问题。

然而，岩石裂隙和土壤的孔隙介质相比，其数量、大小情况以及空间分布特征更复杂，不同裂隙之间甚至在同一裂隙中的不同空间分布都有很大不同，想完整而且精确地表述出放射性核素在花岗岩裂隙地下水中迁移变化是完全不可能的。常用的办法一般是根据当地研究区的实际问题忽略或者简化其影响变化因素，再通过裂隙的一维、二维、三维空间变化研究计算来达到解决问题的目的，但由于二维、三维空间变化研究需要考虑的因素太多，而对研究区开展的工作时间较短，实际掌握的资料不够充分，需要今后在研究区建立地下实验室后才能全面获得。因此，本书主要研究一维单裂隙情况下核素在地下水中迁移行为。

3.2 花岗岩裂隙中核素运移机制

花岗岩岩体和含大量孔隙土体的物理和力学性质有一定区别。花岗岩中裂隙分布没有一定规律且连通性较差，因而裂隙岩体中地下水流动与核素运移情况与在土壤的孔隙介质中存在一定的差异。由于裂隙岩体具有不均一性，各向异性和尺度效应。因此，放射性核素在地下水中的迁移运动受裂隙性质、发育特点（发育程度、规模、密度、方向和分布状况、张开和充填情况等）和补给条件等因素影响。

根据双重介质渗透学说理论，在裂隙岩石中同时存在着两种空隙（孔隙和分割含孔隙和岩块之间的裂隙）和渗流系统。岩石的贮水性质主要与孔隙有关，导水性主要与裂隙有关。地下水主要贮存在孔隙中，水的运动主要在裂隙中进行。参照 Strelsova 和 Robinson 等对裂隙岩体的分类（见图 3-1），本书的研究主要考

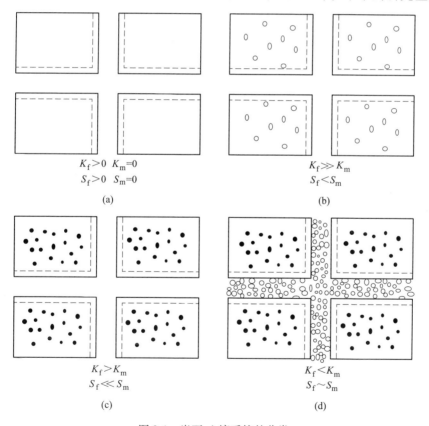

$K_f > 0$ $K_m = 0$
$S_f > 0$ $S_m = 0$

(a)

$K_f \gg K_m$
$S_f < S_m$

(b)

$K_f > K_m$
$S_f \ll S_m$

(c)

$K_f < K_m$
$S_f \sim S_m$

(d)

图 3-1 岩石-土壤系统的分类

（a）纯裂隙岩体；（b）裂隙岩组；（c）双孔隙度岩体；（d）各向异性裂隙岩体

K_f，K_m，S_f，S_m—裂隙域（f）和基质域（m）中的渗透系数和贮水系数；

------裂隙表面（假设存在）

虑花岗岩裂隙岩体为双孔隙度岩体，如图3-1（c）所示。此时岩体可视为双重介质，放射性核素以地下水为载体，以裂隙介质的骨架为媒体发生迁移。

核素在地质介质的运动受控于地下水动力学以及核素与地质介质间的相互作用。迁移机制指核素在地质介质中迁移和转化时的各种物理、化学、水文地球化学和生物作用等。这些作用十分复杂，当今研究还不够充分。

讨论迁移机制的目的就是确定污染物的迁移速度、浓度分布、形态的转化以及新污染物的形成等。主要机制包括对流、弥散、机械过滤、吸附和溶解、降解和转化，还有一些其他的特殊机制（如放射性衰变）和次要机制。本节主要从水动力学角度出发，结合近几十年来对裂隙介质中水流运动及核素运移的实验与理论研究，认为裂隙岩体和基质岩块中核素运移主要以对流和弥散两种运移方式为主。

3.2.1　对流

溶质在地下水中的流动运移现象即为对流。岩石中对流量的大小一般用对流通量 J_c 来表示。对流通量 J_c 即为和流速方向相垂直，单位时间内，流过单位面积水中溶质的量，可表示为：

$$J_c = qc = u\theta c \tag{3-1}$$

式中　u——地下水流速；

　　　q——地下水单位流量；

　　　c——溶质在地下水的浓度；

　　　θ——体积含水率（相对包气带来说）和有效孔隙度（相对饱水带来说）。

由于花岗岩介质比较致密，并且裂隙之间渗透性差异非常大，通常情况下岩体中的对流可以忽略不计。

3.2.2　水动力弥散作用

水动力弥散，在一般情况下是由于质点的热动能和因流体对流所造成的机械混合产生的。即溶质在孔隙介质中的分子扩散和对流弥散所共同作用的结果。这一术语也描述了在地下水的对流中，溶质进入含水层以后浓度逐渐趋向均匀化的过程。水动力弥散系数是确定地下水运动现象的常用参数。在通常的情况下，水动力弥散作用一般可以分为机械弥散作用及分子扩散作用两种诱因。水动力弥散是对流弥散和分子扩散两种弥散作用的综合结果。两种弥散作用在水流方向上可以用式（3-2）表示：

$$D_L = D_L' + D_L'' \tag{3-2}$$

式中　D_L——纵向弥散系数；

　　　D_L'——由于对流混合而引起的对流纵向弥散系数；

　　　D_L''——多孔介质中，分子扩散的有效系数。

为预测地下水污染的发展趋势而进行的地下水质模拟，包括解两个偏微分方程：一个是描述含水层中水头分布的弥散方程；另一个是描述同一系统中化学物质浓度的弥散方程。它们各自有不同的特点，在后面分别阐述。

3.2.2.1 机械弥散

溶质在地下水中流动过程中迁移速度有差异而引起的移动即机械弥散。溶质在地下水中流动过程中受到水的阻滞和吸附，在岩石裂隙流动通道中，越远离通道，水流速度越快，而紧邻通道的水流速度非常小，同时，溶质在水中就在一定程度上受到影响。这样，通道大小和形状也就直接影响地下水的流动，从而也会对溶质的迁移造成影响。而岩石裂隙通道在空间上的分布没有规律，很少有笔直方向，一般用渗流来概化地下水水流现象。

3.2.2.2 分子扩散

溶质本身浓度存在差异，造成其分子无序运动也有一定差异，一般从浓度高的地方往浓度低的地方流动，最终达到浓度均衡，这种现象即为分子扩散。分子扩散的大小一般用浓度梯度（I_s）来表示。浓度梯度可以通过菲克（Fick）定律来计算。其公式如下：

$$I_s = - D_d \frac{dc}{ds} \tag{3-3}$$

式中　$\dfrac{dc}{ds}$——该核素在溶液中的浓度 c 沿 s 方向上变化的浓度梯度；

D_d——扩散系数，当溶质含量较少时其大小与浓度没有关系，趋于定值。

携带核素的地下水在岩石空隙里运移过程中，机械弥散作用与分子扩散作用不会孤立存在，同时发生，不可能两者分开。机械弥散主要表现为纯力学作用的结果，而"纯"机械弥散是不可能存在的，分子扩散由于流体中所含核素浓度不均匀而引起，在完全静止的地下水中也会存在分子运动，和水的流动没有关系。

地下水的运动速度较快，则水中核素运动以机械弥散占主要地位；但水运动速度非常缓慢，则分子扩散作用占主导地位。分子扩散使得核素自高浓度的地方向低浓度的地方运动，以趋于浓度分布的均一。因此，按照地下水流动方向还可以把地下水的运动分为纵向弥散（核素沿水流平行方向运动）和横向弥散（核素沿水流垂直方向运动）。

当然，溶质浓度发生改变时会引起水的物理化学性质变化，从而改变水的流动速度和方向。不过一般不考虑这种微观变化对溶质运移的影响。

3.3 核素在研究区裂隙介质迁移模型

3.3.1 模型的类型

放射性核素迁移需要考虑的方面很复杂，涉及的学科体系较多，从理论上一般认为有以下过程：在一定的时空尺度上，选择恰当的研究区，运用合适的科学原理和技术手段，在总结分析前人研究成果资料的前提下对该领域中一些研究方向展开放射性核素迁移理论和实践探讨。在这些工作中，科学原理和技术手段、研究区的选定、展开工作的时空尺度和前人研究成果的取得整理都包含在迁移研究工作的初步奠基工作中。只有解决提出的研究问题才是放射性核素迁移研究的最重要的部分。图 3-2 为放射性核素迁移工作的理论体系。可以看出其中岩土、地表和地下水、大气为自然界推动放射性核素迁移污染的主要影响因素，特别是地下水的影响尤为重要，而其他自然与人文因素影响在高放废物处置库评价预测中处于次要地位，因此，下面主要研究核素污染物在处置库场址岩石地下水中的迁移影响机制。污染物与介质（岩土、水、气）发生物理、化学、生物作用，最后进入介质后产生放射性核素污染。它们共同作用产生一系列的环境效应，放

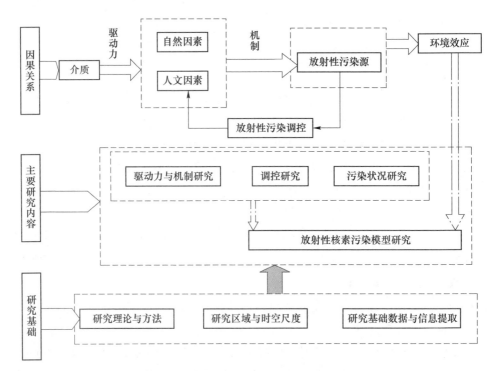

图 3-2 放射性核素迁移研究的理论体系框图

射性核素分布范围及弥散扩散条件研究是控制环境污染问题的关键。该因果关系也清楚显示出放射性核素迁移研究的核心内容，主要包括：岩土、水、气等介质驱动力与机制研究，放射性核素污染状况研究，环境效应研究，以及在此基础上建立描述整个因果关系的放射性核素迁移模型的研究。

为完成一个定量的评价，需要使用许多数学模型，这些模型在结构及复杂程度上是不同的。从核素运移过程上区分，模型可分为在处置库的迁移模型（释放模型）和在地质介质的迁移模型（环境模型）。在本书中，不研究水的入渗、工程构筑物的损坏、容器的腐蚀、核素的浸出及回填材料的吸附等多种因素构成的处置库工程屏障释放模型，也不考虑地面水和大气中的迁移模型，而只研究核素由释放到环境之后的环境迁移模型，对于我国高放废物地质处置来说，一般主要的环境迁移模型是指核素在裂隙含水层的迁移模型，包括迁移的概念模型、数值解和解析解。

为了得到定量的结果，必须根据模型及其相应的参数进行计算。从计算方法上看，数值解是通过描述核素行为的微分方程（以及相应的初始和边界条件），用数值方法（如差分法、特征值法等）得出所需要的结果。而解析解通常是由简化的微分方程导出的数学近似解或严格解。

3.3.2 迁移概念模型

由前面讨论可以知道，花岗岩地质体中，地下水的流动和核素的迁移主要是在裂隙中进行。天然状态下的裂隙水是在位置和方向都受限制的空间中运动的，受裂隙性质、发育特点（发育程度、规模、张开和充填情况等）和补给条件等因素的影响。因此，要完全掌握裂隙岩体渗透性的不均一性、各向异性和尺度效应非常困难，如图 3-3 所示。本书主要考虑工程屏障系统破坏后释放出来的核素在概化后的理想裂隙地下水中迁移扩散。同时，还探讨了放射性核素向岩块的迁移扩散过程。

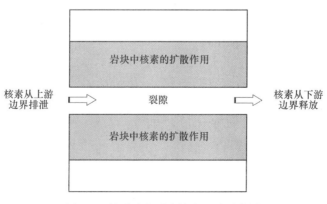

图 3-3　单裂隙介质中核素迁移示意图

　　通过对研究区花岗岩地质体的特性进行充分的认识和了解后，可得到如图 3-3 所示的概念模型。这是为了下一步方便建立模型而对研究区花岗岩地质体所做的简化。模型中主要考虑核素在花岗岩裂隙通道的地下水中的迁移，同时还考虑放射性核素可能向岩壁扩散迁移，也就是在基质域中迁移，并且还考虑将花岗岩粗糙裂隙概化等效为平行板单裂隙，这样就可以近似计算出花岗岩岩体中放射性核素的迁移过程，从而了解岩块中的核素在裂隙系统中所受的迁移阻滞作用机制。

　　因此，在研究核素顺花岗岩裂隙地下水运移过程中，需要进行如下假设：

　　（1）从处置库系统中泄漏的核素均沿某个单裂隙迁移，可以把裂隙概化成一组水平平行裂隙板，之间的张开度均相等，并且其隙宽 $2b$ 不变同时远远小于隙长 $L(2b \ll L)$；

　　（2）核素沿裂隙迁移过程中，对流与扩散在其中起主导作用；

　　（3）核素在水中垂直隙面扩散入岩石，裂隙中水流流速为定值；

　　（4）核素的横向扩散和弥散在通道中瞬时完全混合，此时不考虑横向扩散的作用同时忽略裂隙壁对核素迁移的阻滞吸附和由此产生的迁移延迟作用；

　　（5）核素从裂隙往岩石扩散作用为瞬间与线性，和岩石表面交换吸附可逆。

3.3.3　模型数学描述

　　以前面模型条件为基础，通过建立迁移方程来表示核素在基质域和裂隙域中迁移过程，也就是主要研究岩石裂隙交界面处流量和浓度的变化来进行求解。

3.3.3.1　基质域中的核素迁移方程

　　由于核素在地下水中向优势迁移扩散过程前后质量守恒，故其核素在基质域中的迁移变化可以式（3-4）表示：

$$\underbrace{\frac{\partial c_{\mathrm{j}}}{\partial t}}_{\text{积累项}} = \underbrace{D_{\mathrm{j}} \frac{\partial^2 c_{\mathrm{j}}}{\partial z^2}}_{\text{弥散项}} - \underbrace{\frac{c'W^*}{n_{\mathrm{e}}}}_{\text{源汇项}} + \underbrace{\sum_{k=1}^{n} R_k}_{\text{反应项}} \tag{3-4}$$

式中　t——核素迁移时间；

　　　z——垂直裂隙方向的距离；

　　　c_{j}——放射性核素在地下水中的浓度，即 $c_{\mathrm{j}}(x, z, t)$；

　　　D_{j}——基质域中的岩石有效扩散系数，$D_{\mathrm{j}} = \theta D_{\mathrm{m}}$；

　　　θ——花岗岩岩石的孔隙率；

　　　W^*——单位体积的源、汇的体积流率；

　　　n_{e}——岩石的有效空隙度；

　　　R_k——n 个不同的反应中第 k 个反应的溶解核素的产率。

　　控制方程中反应项为 $\sum\limits_{k=1}^{n} R_k$，假设放射性核素发生指数衰变，则

$$\sum_{k=1}^{n} R_k = -\frac{\rho_b}{\theta}\frac{\partial s_j}{\partial t} - \lambda\left(c_j + \frac{\rho_b}{\theta}s_j\right) \tag{3-5}$$

式中 ρ_b——花岗岩岩石的干密度。

假设基质域中岩石对放射性核素的吸附为线性等温吸附，即

$$s_j = K_{d1}c_j$$

式中 s_j——裂隙表面所吸附的核素浓度；

K_{d1}——放射性核素在基质域中的分配系数。

经变换后可得

$$\frac{\partial s_j}{\partial t} = \frac{\mathrm{d}s_j}{\mathrm{d}c_j}\frac{\partial c_j}{\partial t} = K_{d1}\frac{\partial c_j}{\partial t} \tag{3-6}$$

将以上各式代入式（3-5）得：

$$\sum_{k=1}^{n} R_k = -\frac{\rho_b K_{d1}}{\theta}\frac{\partial c_j}{\partial t} - \lambda c_j\left(1 + \frac{\rho_b K_{d1}}{\theta}\right) \tag{3-7}$$

设阻滞系数 R_{d1}：

$$R_{d1} = 1 + \frac{\rho_b K_{d1}}{\theta} \tag{3-8}$$

式中 R_{d1}——放射性核素在基质域中的迟滞系数。

最终可得到基质域中核素迁移的控制方程为：

$$\frac{\partial c_j}{\partial t} = \frac{D_j}{R_{d1}}\frac{\partial^2 c_j}{\partial z^2} - \lambda c_j \quad (b \leqslant z \leqslant \infty) \tag{3-9}$$

其相应的初始条件和边界条件分别为：

$$\begin{cases} c_j(x,z,t)\big|_{t=0} = 0 & \text{(3-10a)} \\ c_j(x,z,t)\big|_{z=b} = c(x,t) & \text{(3-10b)} \\ c_j(x,z,t)\big|_{z=\infty} = 0 & \text{(3-10c)} \end{cases}$$

3.3.3.2 裂隙域中的核素迁移模型

由于核素在地下水中的迁移前后质量守恒，其在裂隙域中的迁移变化可用方程式（3-11）表示：

$$\underbrace{\frac{\partial c}{\partial t}}_{\text{积累项}} = \underbrace{D_L\frac{\partial^2 c}{\partial x^2}}_{\text{弥散项}} - \underbrace{u\frac{\partial c}{\partial x}}_{\text{对流项}} - \underbrace{\frac{c'W^*}{n_e}}_{\text{源汇项}} + \underbrace{\sum_{k=1}^{n} R_k}_{\text{反应项}} \tag{3-11}$$

式中 x——裂隙水平方向的距离；

c——放射性核素在裂隙地下水中的浓度，即 $c(x,t)$；

u——裂隙中放射性核素迁移的平均速率；

D_L——裂隙中的纵向弥散系数，概化后的平行板裂隙 D_L 可取 $D_L = D_m +$

$\dfrac{u^2(2b)^2}{210D_m}$，$D_m$ 为在流动地下水中核素的分子扩散系数，$2b$ 为裂隙

隙宽；

c'——源、汇的放射性核素浓度。

控制方程中源汇项可表示为 $\dfrac{c'W^*}{n_e} = \dfrac{q}{b}$，其中，$b$ 为裂隙的一半宽度；q 为处

于裂隙交界面处的扩散物质通量，据菲克扩散定律定义，$q = -FD_j \dfrac{\partial c_j}{\partial t}\bigg|_{z=b}$，其中，

F 为能够扩散核素的裂隙表面积占整个裂隙表面积的比值，概化后可大致相对于岩石孔隙度值。

控制方程中反应项为 $\sum\limits_{k=1}^{n} R_k$，假设放射性核素发生指数衰变，则

$$\sum_{k=1}^{n} R_k = -\frac{1}{b}\frac{\partial s}{\partial t} - \lambda\left(c + \frac{s}{b}\right) \tag{3-12}$$

考虑到概化后的核素沿裂隙随地下水迁移的过程中，其吸附等温线为线性，核素在地下水和岩石中达到平衡状态时的浓度关系为：

$$s = K_d c$$

式中　s——花岗岩裂隙表面所吸附的核素浓度；

　　　K_d——裂隙域中核素的分配系数。

经变换后可得

$$\frac{\partial s}{\partial t} = \frac{\mathrm{d}s}{\mathrm{d}c}\frac{\partial c}{\partial t} = K_d\frac{\partial c}{\partial t} \tag{3-13}$$

将以上各式代入式（3-10），得：

$$\left(1 + \frac{K_d}{b}\right)\frac{\partial c}{\partial t} = D_L\frac{\partial^2 c}{\partial x^2} - u\frac{\partial c}{\partial x} - \lambda\left(c + \frac{s}{b}\right) + \frac{FD_j}{b}\frac{\partial c_j}{\partial t}\bigg|_{z=b} \tag{3-14}$$

设阻滞系数 R_d：

$$R_d = 1 + \frac{K_d}{b} \tag{3-15}$$

最终可得到裂隙域中核素迁移的控制方程为：

$$\frac{\partial c}{\partial t} = \frac{D_L}{R_d}\frac{\partial^2 c}{\partial x^2} - \frac{u}{R}\frac{\partial c}{\partial x} - \lambda c + \frac{FD_j}{bR_d}\frac{\partial c_j}{\partial z}\bigg|_{z=b} \tag{3-16}$$

其相应的初始条件和边界条件分别为：

$$c(x,t)\big|_{t=0} = 0 \tag{3-17a}$$

$$c(x,t)\big|_{x=0} = c_0 \mathrm{e}^{-kt} \tag{3-17b}$$

$$c(x,t)\big|_{x=\infty} = 0 \tag{3-17c}$$

式中　c_0——核素进入岩石裂隙时的初始浓度值；

　　　k——核素最初进入岩石裂隙时的浓度衰减常数。

3.3.4　模型数学近似

对以上数学描述求解其数学解，来预测处置库破坏后某一时间内放射性核素在花岗岩裂隙中迁移过程中的相对浓度。其具体求解步骤如下。

3.3.4.1　花岗岩裂隙界面处的放射性核素浓度梯度推求

把方程式（3-9）进行拉普拉斯（Laplace）数学变换调整，可变化为：

$$\frac{\partial^2 \bar{c_j}}{\partial z^2} - \frac{R_{d1}}{D_j}(p + \lambda)\,\bar{c_j} = 0 \quad (b \leqslant z \leqslant \infty) \tag{3-18}$$

此时，裂隙中核素浓度可变为：

$$\bar{c_j}(x,z,p) = \int_0^\infty c_j(x,z,t)\,\mathrm{e}^{-pt}\mathrm{d}t,\bar{c}(x,p) = \int_0^\infty c(x,t)\,\mathrm{e}^{-pt}\mathrm{d}t$$

通过求解方程可导出：

$$\bar{c_j} = c_1\exp\left[\sqrt{\frac{R_{d1}}{D_j}(p + \lambda)}\,(z - b)\right] + c_2\exp\left[-\sqrt{\frac{R_{d1}}{D_j}(p + \lambda)}\,(z - b)\right] \tag{3-19}$$

式中，c_1、c_2 为系数，可由式（3-10b）和式（3-10c）算出 $c_1 = 0$，$c_2 = \bar{c}$。

因此，代入整理后得到：

$$\bar{c_j} = \bar{c}\exp\left[-\sqrt{\frac{R_{d1}}{D_j}(p + \lambda)}\,(z - b)\right] \tag{3-20}$$

设　　　　　$A = \sqrt{\dfrac{R_{d1}}{D_j}}, B = p + \lambda$ 时，$\bar{c_j} = \bar{c}\exp\left[-AB^{\frac{1}{2}}(z - b)\right]$ $\tag{3-21}$

花岗岩裂隙界面处 $z = b$ 处放射性核素的浓度梯度为：

$$\frac{\mathrm{d}\bar{c_j}}{\mathrm{d}z}\bigg|_{z=b} = \bar{c}\left[-\sqrt{\frac{D_j}{R_j}(p + \lambda)}\right] = -AB^{\frac{1}{2}}\bar{c} \tag{3-22}$$

3.3.4.2　岩石裂隙域中放射性核素浓度数学变换求解

将方程式（3-22）代入数学变换后的式（3-18），可导出：

$$p\bar{c} = \frac{D_L}{R_d}\frac{\mathrm{d}^2\bar{c}}{\mathrm{d}x^2} - \frac{u}{R}\frac{\mathrm{d}\bar{c}}{\mathrm{d}x} - \lambda\bar{c} + \frac{FD_j}{bR_d}\bar{c}(-AB^{\frac{1}{2}}) \tag{3-23}$$

整理式（3-23）得

$$G = \frac{bR_d}{F\,(R_jD_j)^{\frac{1}{2}}}\text{ 时},\frac{\mathrm{d}^2\bar{c}}{\mathrm{d}x^2} - \frac{u}{D_L}\frac{\mathrm{d}\bar{c}}{\mathrm{d}x} - \frac{R_d}{D_L}\left(B + \frac{B^{\frac{1}{2}}}{G}\right)\bar{c} = 0 \tag{3-24}$$

通过求微分方程式（3-24）得

$$\bar{c} = c_3\exp(r_1x) + c_4\exp(r_2x) \tag{3-25}$$

式中　r_1，r_2——根，$\alpha = \dfrac{u}{2D_L}$、$\beta = \sqrt{\dfrac{4R_d D_L}{u^2}}$ 时，

$$r_{1,2} = \alpha \left\{ 1 \pm \left[1 + \beta^2 \left(B + \frac{B^{\frac{1}{2}}}{G} \right) \right]^{\frac{1}{2}} \right\} \tag{3-26}$$

c_3，c_4——系数，可由式（3-17c）推出，$c_3 = 0$；代入式（3-17b）和式（3-25）得

$$c_4 = \frac{c_0}{B - \lambda + k} \tag{3-27}$$

把 c_3、c_4 及式（3-26）代入式（3-25）得

$$\bar{c} = \frac{c_0}{B - \lambda + k} \exp(\alpha x) \exp\left\{ - \alpha x \left[1 + \beta^2 \left(B + \frac{B^{\frac{1}{2}}}{G} \right) \right]^{\frac{1}{2}} \right\} \tag{3-28}$$

再把式（3-28）逆变换回来，就可以求解出岩石裂隙域中核素浓度。设

$$\int_0^\infty \exp\left(- \xi^2 - \frac{a^2}{\xi^2} \right) \mathrm{d}\xi = \frac{\sqrt{\pi}}{2} \mathrm{e}^{-2a}, \quad a = \frac{\alpha x}{2} \left[1 + \beta^2 \left(B + \frac{B^{\frac{1}{2}}}{G} \right) \right]^{\frac{1}{2}}, \quad 则$$

$$\exp\left\{ - \alpha x \left[1 + \beta^2 \left(B + \frac{B^{\frac{1}{2}}}{G} \right) \right]^{\frac{1}{2}} \right\} = \frac{2}{\sqrt{\pi}} \int_0^\infty \exp\left\{ - \xi^2 - \frac{\alpha^2 x^2}{4\xi^2} \left[1 + \beta^2 \left(B + \frac{B^{\frac{1}{2}}}{G} \right) \right] \right\} \mathrm{d}\xi$$

$$\tag{3-29}$$

因此，代回式（3-28）经逆变换（用 L^{-1} 表示）后求解出岩石裂隙域中放射性核素浓度。

设　$Y = \dfrac{\alpha^2 \beta^2 x^2}{4\xi^2 G}$，$\dfrac{\bar{c}}{c_0} = \dfrac{2}{\sqrt{\pi}} \exp(\alpha x) \displaystyle\int_0^\infty \exp\left(- \xi^2 - \frac{\alpha^2 x^2}{4\xi^2} \right) \frac{\exp[- Y(GB + B^{\frac{1}{2}})]}{B - \lambda} \mathrm{d}\xi$

$$\tag{3-30}$$

或　$\dfrac{c}{c_0} = \dfrac{2}{\sqrt{\pi}} \exp(\alpha x) \displaystyle\int_0^\infty \exp\left(- \xi^2 - \frac{\alpha^2 x^2}{4\xi^2} \right) L^{-1} \frac{\exp[- Y(GB + B^{\frac{1}{2}})]}{B - \lambda} \mathrm{d}\xi \tag{3-31}$

3.3.4.3　花岗岩裂隙中核素相对浓度变化数学方程求解

A　花岗岩裂隙域中核素相对浓度变化数学方程求解

根据拉普拉斯（用 L 表示）方程 $F(p) = L[f(t)]$ 的数学性质：

$$L[f(t - \tau) H(t - \tau)] = \mathrm{e}^{-p\tau} F(p) (\tau \geqslant 0) \tag{3-32}$$

$$L^{-1}[\mathrm{e}^{-p\tau} F(p)] = f(t - \tau) H(t - \tau) \tag{3-33}$$

其中，$H(t - \tau) = \begin{cases} 1, & t \geqslant \tau \\ 0, & t < \tau \end{cases}$。

因此式（3-31）中：

$$L^{-1} \cdot \frac{\exp[- Y(GB + B^{\frac{1}{2}})]}{B - \lambda + k} = L^{-1} \left[\exp(- YGB) \frac{\exp(- YB^{\frac{1}{2}})}{B - \lambda + k} \right] \tag{3-34}$$

设 $\dfrac{\exp(-YB^{\frac{1}{2}})}{B-\lambda+k}=F(p)$，则

$$
\begin{aligned}
f(t)=L^{-1}[F(p)]&=L^{-1}\cdot\frac{\exp(-YB^{\frac{1}{2}})}{B-\lambda+k}\\
&=\frac{1}{2}\left\{\exp\left[(\lambda-k)^{\frac{1}{2}}Y\right]\mathrm{erfc}\left[\frac{Y}{2t^{1/2}}+\left[(\lambda-k)t\right]^{\frac{1}{2}}\right]+\right.\\
&\left.\quad\exp\left[-(\lambda-k)^{\frac{1}{2}}Y\right]\mathrm{erfc}\left[\frac{Y}{2t^{1/2}}-\left[(\lambda-k)t\right]^{\frac{1}{2}}\right]\right\}
\end{aligned}
\tag{3-35}
$$

根据式（3-33）和式（3-35），式（3-34）变为：

$$
\begin{aligned}
L^{-1}\cdot\frac{\exp[-Y(GB+B^{\frac{1}{2}})]}{B-\lambda+k}=&\frac{1}{2}\exp[(\lambda-k)\tau]H(t-\tau)\left\{\exp\left[(\lambda-k)^{\frac{1}{2}}Y\right]\cdot\right.\\
&\mathrm{erfc}\left[\frac{Y}{2(t-\tau)^{\frac{1}{2}}}+\left[(\lambda-k)(t-\tau)\right]^{\frac{1}{2}}\right]+\exp\left[-(\lambda-k)^{\frac{1}{2}}Y\right]\cdot\\
&\left.\mathrm{erfc}\left[\frac{Y}{2t^{\frac{1}{2}}}-\left[(\lambda-k)(t-\tau)\right]^{\frac{1}{2}}\right]\right\}
\end{aligned}
\tag{3-36}
$$

式中，$\tau=YG=\dfrac{\alpha^2\beta^2x^2}{4\xi^2}=\dfrac{R_\mathrm{d}x^2}{4D_\mathrm{L}\xi^2}$。

由此可以求解出花岗岩裂隙域中核素相对浓度变化数学方程。

用式（3-36）代入式（3-31），$t\geqslant\tau=\dfrac{R_\mathrm{d}x^2}{4D_\mathrm{L}\xi^2}$ 或 $\xi>\dfrac{x}{2}\left(\dfrac{R_\mathrm{d}}{D_\mathrm{L}t}\right)^{\frac{1}{2}}$ 时，$H(t-\tau)=1$，即

$$
\begin{aligned}
\frac{c}{c_0}=&\frac{1}{\sqrt{\pi}}\exp(\alpha x)\int_a^{\infty}\exp\left(-\xi^2-\frac{\alpha^2x^2}{4\xi^2}\right)\exp[(\lambda-k)\tau]\left\{\exp\left[-(\lambda-k)^{\frac{1}{2}}Y\right]\right.\\
&\left.\mathrm{erfc}\left[\frac{Y}{2T}-(\lambda-k)^{\frac{1}{2}}T\right]+\exp\left[(\lambda-k)^{\frac{1}{2}}Y\right]\mathrm{erfc}\left[\frac{Y}{2T}+(\lambda-k)^{\frac{1}{2}}T\right]\right\}\mathrm{d}\xi
\end{aligned}
\tag{3-37}
$$

式中，$T=(t-\tau)^{\frac{1}{2}}=\left(t-\dfrac{\alpha^2\beta^2x^2}{4\xi^2}\right)^{\frac{1}{2}}=\left(t-\dfrac{R_\mathrm{d}x^2}{4D_\mathrm{L}\xi^2}\right)^{\frac{1}{2}}$；$a=\dfrac{x}{2}\left(\dfrac{R_\mathrm{d}}{D_\mathrm{L}t}\right)^{\frac{1}{2}}$。

而为 $t<\tau=\dfrac{R_\mathrm{d}x^2}{4D_\mathrm{L}\xi^2}$ 或 $\xi<\dfrac{x}{2}\left(\dfrac{R_\mathrm{d}}{D_\mathrm{L}t}\right)^{\frac{1}{2}}$ 时，$H(t-\tau)=0$，即

$$
L^{-1}\cdot\frac{\exp[-Y(GB+B^{\frac{1}{2}})]}{B-\lambda+k}=L^{-1}\cdot\exp(-BYG)\frac{\exp(-YB^{\frac{1}{2}})}{B-\lambda+k}=0
\tag{3-38}
$$

用式（3-38）代入式（3-32）得

$$c = 0 \tag{3-39}$$

B　花岗岩基质域中核素相对浓度变化数学方程求解

用式（3-30）代入式（3-20）：

$$\frac{\bar{c}_j}{c_0} = \frac{2}{\sqrt{\pi}} \exp(\alpha x) \int_a^\infty \exp\left(-\xi^2 - \frac{\alpha^2 x^2}{4\xi^2}\right) \frac{\exp\{-B^{1/2}[A(z-b)+G]-YGB\}}{B-\lambda+k} \mathrm{d}\xi$$

$$\tag{3-40}$$

由此可以求解出花岗岩基质域中核素相对浓度变化数学方程：

$$t \geq \tau = \frac{R_{\mathrm{d}} x^2}{4 D_{\mathrm{L}} \xi^2} \text{ 或 } \xi > \frac{x}{2}\left(\frac{R_{\mathrm{d}}}{D_{\mathrm{L}} t}\right)^{\frac{1}{2}} \text{ 时：}$$

$$\frac{c_j}{c_0} = \frac{1}{\sqrt{\pi}} \exp(\alpha x) \int_a^\infty \exp\left(-\xi^2 - \frac{\alpha^2 x^2}{4\xi^2}\right) \exp[(\lambda-k)\tau]\left\{\exp[-(\lambda-k)^{\frac{1}{2}}Y']\right.$$

$$\left. \operatorname{erfc}\left[\frac{Y'}{2T}-(\lambda-k)^{\frac{1}{2}}T\right] + \exp[(\lambda-k)\tau^{\frac{1}{2}}Y']\operatorname{erfc}\left[\frac{Y'}{2T}+(\lambda-k)\tau^{\frac{1}{2}}T\right]\right\}\mathrm{d}\xi$$

$$\tag{3-41}$$

式中，$Y' = \dfrac{\alpha^2 \beta^2 x^2}{4\xi^2 G} + A(z-b)$；$t < \tau = \dfrac{R_{\mathrm{d}} x^2}{4 D_{\mathrm{L}} \xi^2}$ 或 $\xi < \dfrac{x}{2}\left(\dfrac{R_{\mathrm{d}}}{D_{\mathrm{L}} t}\right)^{\frac{1}{2}}$ 时，$c_j = 0$。

3.4　核素在研究区花岗岩裂隙介质中迁移模拟计算

3.4.1　放射性物质的选取

　　核废物中的核素在地下处置库破坏经地下水被释放出来后，沿裂隙在地下水中缓慢迁移至地表生物圈中，从而威胁各种生物的健康。考虑到高放废液中含有99%以上的裂变产物、未被回收的微量高毒性 Pu 和 ^{90}Sr 及大部分超铀元素、包壳材料和化学杂质，利用母体元素 U 代替高放核素，同时还选取元素 Sr 进行研究，所得研究成果对 Np、Pu、Am 等高放废物处置具有类似意义或重要价值。本书选用铀（U）和锶（Sr）这两种核素作为模拟对象，其相应的典型同位素 ^{238}U 和 ^{90}Sr 相关特性见表 3-1，假定处置库工程屏障被破坏后，这两种核素被释放到研究区花岗岩地质岩体中，综合利用现有研究参数，通过模拟计算核素在研究区花岗岩裂隙和岩石中的浓度、空间分布等情况，模拟预测放射性核素在所在地质体中的迁移过程。

表 3-1 所选核素的相应参数及特性

核素	衰变常数 λ/a^{-1}	衰变类型	粒子能量/MeV
^{238}U	4.88×10^{-18}	α	4.196；4.149
^{90}Sr	2.40×10^{-2}	γ	0.834；2.0

3.4.2 主要参数的选择

在对研究区处置库中物质迁移模拟过程中，需要大量来自现场地下场址的参数。一般来说，地下水模拟需要确定研究区水文地质和水文地球化学条件的各种参数。这些参数构成水流和迁移模型的输入数据。应该指出此处的模型输入参数泛指地下水流和迁移模型需要输入的所有数据，包括：

（1）研究区相关几何参数，如模拟研究区的位置，地层地质单元的分布等；

（2）地下水的常规物理、化学及相关水动力参数，如地下水密度、导水系数及水力坡度；

（3）与介质有关的各种特性参数，如放射性核素污染源的模拟加载历程、分配系数、容重、弥散度、扩散系数及裂隙宽度等。

地下水模拟工作需要的大部分参数是针对特定场地的，是描述所研究场地特点的基本数据。如果这些特定场所的信息，不足以支持模型模拟开发，那么通常要进行野外工作收集必要的资料。这些工作可能包括钻井或钻孔工作、含水层试验、水位监测以及水质的取样分析。

旧井地段位于甘肃北山重点预选区，该区出露的主要是花岗岩岩体。核工业北京地质研究院对该区开展过地表地质调查、钻孔施工等一系列场址评价工作，总体上认为该区是一处合适的预选地段。然而由于北山旧井地段研究区工作条件有限，无法测量出所需的一些参数，这时需要采用一些经验的估计值和相关实验值来进行模拟。以下提出一些常用参数的估值。

3.4.2.1 水动力参数

A 水的密度

地下水的密度随着温度的变化而变化（见表 3-2），可用插值法来进行计算。它也随着不溶化学物种浓度的变化而发生变化。其数值大小与贮水系数、水力传导度和本身的渗透性有关。本书模拟选取正常温度 20℃时的数值。

表 3-2　水的密度与温度关系表①

温度/℃	密度/kg·m⁻³	温度/℃	密度/kg·m⁻³
0	999.87	60	983.24
10	999.73	70	977.81
20	998.23	80	971.83
30	995.67	90	965.34
40	992.24	100	958.38
50	988.07		

① 资料来源：Mercer 等，1990。

B　导水系数

导水系数 T 等于含水层渗透系数 K 与含水层厚度 m 的乘积。常用单位是 m^2/d。是描述介质渗透能力的重要水文地质参数。而渗透系数大小与介质的结构（颗粒大小、排列、空隙充填等）和水的物理性质（液体的黏滞性、容重等）有关，是量度流体通过介质的阻滞能力。阻滞能力越小，渗透性能越大。一般利用抽水试验资料来求取含水层的导水系数，方法视具体的抽水试验情况而定。

J. B. Walsh 对围岩裂隙岩块展开研究，采用地质统计方法，测量裂隙岩块中可见裂隙系统的隙宽、方位、密度、延伸性、连通性等水力参数，得到反映裂隙岩块渗透空间结构的渗透张量，并考虑裂隙的延伸性和连通性及偏流效应，就可得到改围岩和孔隙压对裂缝渗透性影响的理论问题，利用分布函数来表征表面形貌对渗流的影响。对于花岗岩裂隙系统的地下水而言，由于裂隙网络系统的错综复杂性和特殊性，很多与核素迁移相关的属性在足够小的空间范围内都会出现变化，大尺度下描述各裂隙的参数差异非常大。C. A. Morrow 等、瑞典核燃料及核废料管理公司 SKB(Swedish Nuclear Fuel and Waste Management Company) 对花岗岩的渗透性和导水系数进行了测定。忽略随深度引起的围岩渗透性能的影响，取其导水系数 $T = 8.673 \times 10^{-8} m^2/s$。

C　水力坡度

水力坡度，又称比降，是岩体裂隙系统地下水中水面单位距离的落差，为地下水通过单位宽度含水层垂直断面的流量。我国高放废物地质处置研究工作还处在预选阶段，目前只是对北山展开初步研究工作，地下勘察钻探工作还在进行中。野外试验工作取得的成果较少。参考国外地下实验室对相关处置场地质野外调查结果，选取模拟过程中北山花岗岩地区的水力坡度参数值 $J = 0.01$。

3.4.2.2　介质特性

A　分配系数

分配系数（partition coefficient）是指一定温度下，处于平衡状态时，组分在固定相中的浓度和在流动相中的浓度之比，以 K_d 表示。它是衡量核素在地下水中迁移的一个重要参数。分配系数反映了核素在两相中的迁移能力及分离效能。A. Ksoyoglu 测定了 U（Ⅵ）在瑞典 Grimsel 花岗岩样品分配系数为 0.4~8，平均值取 4.2。陆誓俊等人采用 Sr 对北京石湖峪和阳坊地区花岗岩样品测试结果为 0.0036~0.0182，平均值约为 0.0011。这个结果和张英杰测得的结果相似，取 0.0011。

B 容重

容重就是干岩石单位体积的物质的质量，它与岩石的结构和质地有关。岩石的容重直接影响核素的延迟系数。一般情况下，不同的裂隙介质，容重不同。作为围岩的花岗岩岩体容重介于 $2.6×10^3~2.7×10^3 \text{kg/m}^3$ 之间，孔隙度大小主要为 1%~3%；本次模拟选取其 $\rho = 2.64×10^3 \text{kg/m}^3$，孔隙度为 $\theta = 2\%$。

C 弥散度

水动力弥散过程是一个污染质通过地下水扩展的复杂过程，这个过程是非稳定、不可逆的。水动力弥散系数越大，污染物扩散的面积也就越大。确定野外尺度迁移模拟问题的弥散度有较大的难度，而且长期以来一直备受争议。为了确定野外尺度的弥散度，已展开过许多工作。有关内容可参考 Anderson 及 Gelhar 等人著作。弥散度受实验或观测尺度的影响，它们之间的关系尚不明确。示踪实验通常对应于相对较小的尺度，因此得到的弥散度小于由较大尺度及模拟污染事件得到的弥散度，也小于由环境示踪剂观测得出的弥散度。考虑到数据的可靠性时，纵向弥散度随观测尺度变大的趋势明显降低了。Gelhar 等人指出，一些随机理论预测结果表明，随着观测尺度增大，弥散度逐步趋近于一个常数。Gelhar 等人指出需要建立大尺度的可靠测定。对于给定的尺度，纵向弥散度的变化范围在 2~3 个数量级，但是可靠性较高的值均为低值。

通常观察到的横向弥散度比纵向弥散度小，并且也受观测尺度影响。垂直方向上的横向弥散度比水平方向上的横向弥散度小。与纵向弥散度一样，如果不考虑可靠性，横向弥散度也有随观察尺度增大的趋势。然而考虑到数据的可靠性，这一趋势就不再明显。

确定弥散度的值非常困难，考虑到在野外获得弥散度的难度及成本，大多数实际模拟研究一般还是继续依靠 Gelhar、Dean 和 Neuman 等人的资料，至少可用于初始近似研究。一般横向弥散度的取值要比纵向弥散度低一个量级，甚至可以趋于零。通常情况下，弥散度数值需要指定介质，要用实际观测资料来校正。Dean、Neuman 等人在野外和室内实验基础上提出了纵向弥散度 α_L 的初始计算表达式：

$$\alpha_L = 0.01x \tag{3-42}$$

式中，x 为污染源到下游关心点的距离。

D 扩散系数

扩散系数表示地下水系统中的核素在岩石中扩散能力的物理量。岩石的扩散系数主要受孔隙大小、孔隙的连通性及弯曲度（τ）影响；此外，它还与温度、表面扩散、孔隙水的化学特性等因素有关。根据李春江等人的研究，苏锐采用核素在花岗岩单裂隙运移特性实验研究获得的扩散系数，从安全角度考虑，选择有利于核素迁移的值，扩散系数的取值为 $1.88\times10^{-9}\mathrm{m^2/s}$。

E 裂隙宽度

岩体裂隙宽度参数在具体的处置场地质体中的出现是随机的，查清野外岩体的裂隙宽度需要做大量烦琐而精细的工作，即花费大量的人力物力，又消耗很多的时间，而且现场分布具有很大的随机性，裂隙宽度参数的确定工作繁而不易，耗力费时，需要进行很详细的野外取样和钻探编录资料，结果还往往受到对岩体人为判断的干扰。目前确定这些参数的主要方法为传统的现场量测记录分析法及近年来发展起来的统计检验法。后面这种方法一般是把野外取得的岩体裂隙宽度作为随机变量组成样本系列，通过数理统计计算，求出其概率密度分布函数，再结合计算机模拟出类似的裂隙体系统，目前确定岩体裂隙参数及网络几何体系的统计检验法仍处于方兴未艾的发展阶段中。我国对北山地区研究的工作不多。据报道，北山南面板滩地表部分花岗岩裂隙现场调查统计结果中，花岗岩裂隙宽度一般在 $0.1\sim0.3\mathrm{cm}$ 之间变化，占所有统计样本的八成以上，而裂隙宽度在 $0.3\sim0.5\mathrm{cm}$ 之间的只占一成左右，至于超过 1cm 宽的花岗岩裂隙样本数量则非常少，并且其裂隙可以被判定为开裂型裂隙，随着埋深的加大和上覆岩石的自重作用，裂隙宽度会逐渐产生变小的趋势。此外，综合国内一些学者针对花岗岩裂隙进行的若干核素弥散渗透实验，他们在实验过程中选取的参数值大小在 $0.2\times10^{-5}\sim3\times10^{-3}\mathrm{m}$ 之间。综合考虑以上前人研究成果，选取裂隙宽度取值为 $1.50\times10^{-4}\mathrm{m}$。

3.4.3 模拟结果及分析

根据以上选取的相应裂隙系统参数的数值，利用 Matlab 软件对前面迁移模型的数学解方程进行计算，同时考虑到一般设想的高放废物地质安全处置年限，采用 $1\times10^3\mathrm{a}$、$1\times10^4\mathrm{a}$ 和 $1\times10^5\mathrm{a}$ 三种时间段进行分析计算，了解两种核素在裂隙域中相对浓度随迁移距离的变化，预测放射性核素在花岗岩处置预选场地中迁移影响的时空变化情况，掌握其对周边环境的影响。模拟计算后的结果见表 3-3 和表 3-4，其变化发布情况如图 3-4 和图 3-5 所示。

表 3-3 U 在不同模拟时间时相对浓度值

模拟时间 t /a	迁移距离/m					
	100	200	300	400	500	700
1×10^5	0.715	0.468	0.261	0.0887	0.0724	7.580×10^{-3}
1×10^4	0.674	0.186	0.0872	5.973×10^{-3}	8.449×10^{-4}	2.612×10^{-5}
1×10^3	0.273	6.756×10^{-2}	5.668×10^{-3}	7.992×10^{-5}	4.322×10^{-6}	1.846×10^{-8}

表 3-4　Sr 在不同模拟时间时相对浓度值

模拟时间 t	迁移距离/m					
/a	100	200	300	500	800	1500
1×10^5	0.917	0.876	0.649	0.419	0.149	0.0573
1×10^4	0.691	0.569	0.338	0.174	0.0194	3.088×10^{-3}
1×10^3	0.543	0.303	0.106	0.0407	5.281×10^{-4}	2.848×10^{-6}

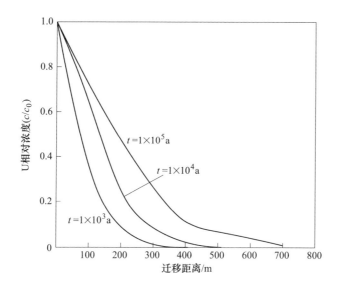

图 3-4　裂隙域中 U 核素相对浓度与距离的关系图

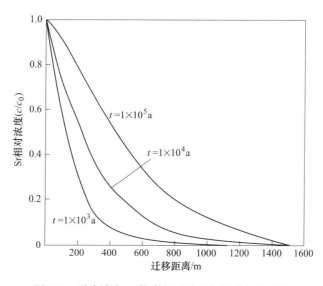

图 3-5　裂隙域中 Sr 核素相对浓度与距离的关系图

在相同模拟条件下，利用前面讨论采用的参数值，并设定相同的核素迁移时间，对两种放射性核素在花岗岩裂隙地下水中的迁移进行预测计算，对比图3-4和图3-5可以看出，随着迁移长度的变大，两种核素在地下水中的浓度将逐渐变小。对比两图中1×10^3a、1×10^4a和1×10^5a三个时间段的曲线分析可以知道，在同样的迁移时间情况下，Sr在地下水中的迁移速度要比U更加超前。通过对两图的曲线进行分析可以发现，U在地下水中迁移的距离为500~700m，而Sr在地下水中迁移的距离为1400~1600m，Sr在地下水中迁移的距离比U要长。这主要是由于这两种核素在地下水中受基质域岩石对它的阻滞作用不同造成的，同时各自在地下水中的化学性质不同也会影响它们的迁移速度和迁移距离。在如此长的时间内在地质处置场迁移的距离影响范围不大，考虑处置库中前期还有工程屏障和回填材料会对放射性核素的阻滞吸附，因此不会对下游地区地下水域造成不利的后果。

图3-6为两种核素在各自接近最大迁移距离时相对浓度随时间的变化规律。从图3-6中可以看出，两种核素的相对浓度都随着时间的增加而增加，并且两者最终相对浓度值都不是很高，表明均受岩石的阻滞吸附作用影响。两者曲线相比较后可以发现，1×10^6a后，Sr在水中的相对浓度要高于U的值。

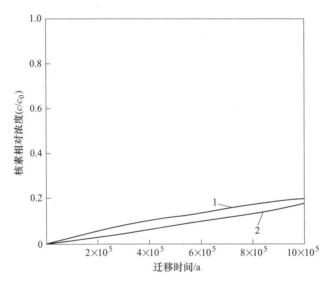

图3-6 裂隙域中核素相对浓度与时间的关系图

1—Sr在接近最大迁移距离时水中的相对浓度；2—U在接近最大迁移距离时水中的相对浓度

对于两种核素在基质域中的迁移变化情况研究相对浓度随迁移距离的变化，模拟结果如图3-7和图3-8所示。通常情况下核素向基质域迁移速度非常缓慢，其反应涉及的机理也较为复杂，同时进行现场试验有相当大的难度，周期太长，并且很难具备合适的场地条件。因此，考虑通过模拟计算来实现这个过程。图3-7

和图 3-8 为模拟在 $t = 1 \times 10^5$a 时，在各自最大迁移距离附近基质域中两种核素的相对浓度随扩散深度的变化结果。图中曲线表明，计算时间固定后的核素的相对浓度都随着扩散距离的增大而减小。对比图 3-7 和图 3-8 两图曲线可以看出，Sr 在基质域中的扩散深度能达到 1.0m，而 U 在基质域中的扩散深度较浅，仅有 0.04~0.05m，这表明致密的花岗岩对各核素的阻滞作用非常明显，同时各自的吸附作用不同造成其在岩石中的迁移出现差异，阻滞作用越强，在基质域与裂隙域中的迁移距离就越小，反之，就越大。

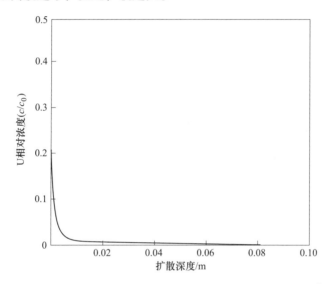

图 3-7　基质域中 U 相对浓度与距离的关系图（计算时间 1×10^5a）

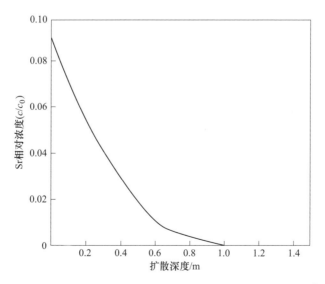

图 3-8　基质域中 Sr 相对浓度与距离的关系图（计算时间 1×10^5a）

3.5　小　　结

综合分析以上的模拟结果可以看出：

（1）针对裂隙系统的复杂性，充分考虑裂隙系统的非均质性，采用一维多途径核素迁移模型，充分考虑各种参数对核素在裂隙地下水中的影响，合理地描述核素在花岗岩裂隙水系统中的复杂迁移行为。

（2）利用一维多途径核素迁移模型，不仅可以预测核素在裂隙系统中相对浓度的分布情况和发展趋势，还可以研究该模型条件下的各参数对核素迁移的影响。

（3）研究该模型条件下的水动力参数和介质特性参数对核素在花岗岩裂隙地下水中迁移的影响，选取了相应的模拟参数作为计算的基础。

（4）选取 1×10^3 a、1×10^4 a 和 1×10^5 a 三个时间段，以我国目前高放废物的预选场地——北山花岗岩作为迁移介质，选取 U、Sr 两种核素进行模拟研究，了解两种核素在裂隙域中相对浓度随迁移距离的变化。模拟结果表明：在其他条件都相同的情况下，U 在地下水中迁移的距离为 500~700m，而 Sr 在地下水中迁移的距离为 1400~1600m，Sr 在地下水中迁移的距离比 U 要长。

（5）针对放射性核素 U、Sr 在基质域中的迁移变化情况研究相对浓度随迁移距离的变化，根据模拟 $t=1\times10^5$ a 时，在各自最大迁移距离附近基质域中两种核素的相对浓度随扩散深度的变化结果，模拟结果表明：计算时间固定后的核素的相对浓度都随着扩散距离的增大而减小。花岗岩对各核素的阻滞作用非常明显，同时各自的吸附作用不同会造成其在岩石中的迁移出现差异。Sr 在基质域中的扩散深度能达到 1.0m，而 U 在基质域中的扩散深度较浅，仅有 0.04~0.05m。

4 铀、锶在研究区地下水中形态分布

4.1 概　述

第3章讨论了铀、锶在研究区花岗岩裂隙介质地下水中的迁移情况，主要通过考虑裂隙介质中核素的相对浓度、运移位置和运移时间等情况，从裂隙域和基质域两方面进行了研究。讨论没有考虑核素进入地下水后的水化学变化等因素。因此，还需要了解核素自岩石进入地下水后的富集和迁移情况，核素随天然水迁移过程中，核素在水中运移的距离与核素和地下水的反应程度、水岩各自的物理化学性质以及接触时间的长短相关。刚开始发生反应时，进入水中的核素含量还比较少，核素能够发生运移。这样就发生水岩交换。随着进入水中核素数量增多而呈现过饱和现象，核素将不再进行迁移而发生沉淀现象，核素又从水中析出进入岩石。这些变化过程主要是水中组分化学形态的变化，可以通过水文地球化学模拟计算来了解。因此，要对处置预选场核素迁移行为进行水化学模拟，必须研究水中核素化学形态的变化，本书选用铀、锶核素作为研究对象，值得注意的是，必须查清研究区水中铀、锶的浓度变化及存在形态，有针对性地进行分析测量。而且，铀、锶浓度和存在形态可以作为水化模拟软件输入的基础资料。最后，水中核素不同存在形态的变化能反映核素沉淀运移的影响程度，能间接反映核素的水迁移和沉淀性能。以地下水中的铀为例，一般 $[UO_2SO_4]^0$ 容易在 pH<7 的地下水环境中发生迁移，但其本身不够稳定，一旦和还原物质接触时很容易就沉淀下来，而 $[UO_2(CO_3)_3]^{4-}$ 一般会在 pH>7 的水环境条件中比较稳定地存在于水中而不容易发生沉淀。因此，不同的核素存在形态沉淀机制差别也非常大。

考虑到第3章中对这两种核素在裂隙域和基质域中讨论结果，本章以化学平衡热力学的基本原理为基础，着重研究裂隙域地下水中的核素存在形态分布情况，结合水文地球化学模拟软件 PHREEQC，了解研究区中地下水中各种元素的存在分布并计算出其中主要元素的存在形态变化，同时还讨论了地下水中放射性核素铀、锶的形态分布情况以及和其他元素之间的关系，为下一步模拟高放废物处置库预选场旧井地区地下水中铀和锶元素的迁移提供依据。

4.2　水化学热力学相关概念

水化学热力学分析中一般把地下水-岩石综合体（水文地质体）称为体系，从补-径-排全过程来看该体系是开放性的。但在一定时期和范围内，局部水-岩体系的温度、压力、成分及浓度变化梯度缓慢、不明显。水化学软件以此为基础进行水化学平衡模拟计算。地下水中各元素发生化学反应过程一般在电子守恒基础上受质量、能量和电荷守恒定律控制。水化学平衡计算主要有化学平衡常数法和最小自由能法两种，平衡常数法在生产实践中使用得比较广泛。本章使用的水文地球化学 PHREEQC 软件以此方法为依据，并结合水动力学概念开发出模拟计算地下水与岩石发生反应的过程。这种引入仍只是一种比较简单、初步的尝试，还需今后进一步探索发展。书中主要涉及以下一些基本概念。

4.2.1　化学物种

化学物种（chemical species）指化学性质不同的元素类别，同一元素价态不同时为不同的物种（species）。组分可以看作是一种物质。物质有不同的种类，故不同种类的物质均为物种。水文地球化学主要研究地下水中各种形态组分产生、变化的化学反应过程，在地球化学模式中，存在形式（species）是指物质（组分）在体系中的具体表现形式。同一种元素的不同存在形式具有不同的热力学、物理化学和化学动力学性质，它们在参与溶解/沉淀、离子交换吸附、氧化还原等反应中的表现和结果将有很大的差异，因而也就对元素的迁移和沉淀有重要的影响。这些存在形式可以是基本粒子，也可以是由基本粒子组成的分子。甚至还有一些是它们的络合物。例如，钙的存在形式有 Ca^{2+}、$CaHCO_3^+$、$CaCO_3^0$、$CaSO_4^0$、$CaCl^+$、$CaCl_2^0$；镁的存在形式有 Mg^{2+}、$MgHCO_3^-$、$MgCO_3^0$、$MgCl^-$、$MgCl_2^0$；钠的存在形式有 Na^+、$NaHCO_3^0$、$NaCO_3^-$、$Na_2CO_3^0$、$NaHSO_4^-$、$Na_2SO_4^0$、$NaCl^0$、$NaCl_2^-$ 等无机络合物形式。一种物质（组分）的含量是指其在水中所有存在形式含量的总和。在水化学成分的分析结果中必须包括水溶态物质的所有物种（存在形式）的总量。假如不考虑到这一点，则将造成对天然水化学成分和物理化学性质做出错误的描述和评价，在定量计算过程中就会得出错误的结论。

4.2.2　质量作用定律和平衡常数

质量作用定律（law of mass action）就是在一定温度下，一个均匀化学反应（homogeneous chemical reaction），其反应速率与反应物质的浓度成正比。当恒温恒压情况下，反应中各种组分达到平衡时，活度的比值是一个常数。一般用平

衡常数 K 来表示。

质量作用定律只适用于由反应物一步就直接转变为生成物的反应——基元反应（即简单反应）。铀、锶和地下水的化学反应其反应物必须经过若干步基元反应才能转变为生成物，即为非基元反应，对非基元反应来说，质量作用定律只适用于非基元反应中的每一步基元反应，因此，一般不能根据非基元反应的总反应直接书写速率方程。K 反映了平衡时各种物质的浓度存在着一定的关系，这种关系并不随着物质的反应起始量而变化。

4.2.3 守恒定律

物料守恒、电荷守恒和质子守恒一起同为溶液中的三大守恒关系。物料守恒定律为自然界的基本定律之一，也是地球化学模拟的主要原理依据，指溶液中某一组分的原始浓度应该等于它在溶液中各种存在形式的浓度之和，也就是元素守恒，某种元素变化前后的原子个数守恒。在水文地球化学模拟过程中，地下水与岩石互相接触达到化学平衡时，不论地下水和岩石中的物质（组分）怎么转化，其总量都会保持不变。有时可以采用此方法推算出地下水或岩石中新产生的未知物种的量，也可以检验计算结果是否准确合理。含特定元素的微粒（离子或分子）守恒，不同元素间形成的特定微粒比守恒，另外，特定微粒的来源关系守恒。

电荷守恒定律指出，对于一个孤立系统，不论发生什么变化，其中所有电荷的代数和永远保持不变。电荷守恒定律表明，如果某一区域中的电荷增加或减少了，那么必定有等量的电荷进入或离开该区域；如果在一个物理过程中产生或消失了某种符号的电荷，那么必定有等量的异号电荷同时产生或消失。根据电荷守恒定律可知，化合物中元素正负化合价代数和为零。溶液必须保持电中性，即溶液中所有阳离子的电荷总浓度等于所有阴离子的电荷总浓度。

质子守恒就是酸失去的质子和碱得到的质子数目相同，化合物中元素正负化合价代数和为零。溶液中所有阳离子所带的正电荷总数等于所有阴离子所带的负电荷总数。

地球化学模式即是以三大原理为基础，用化学反应式和数学计算公式结合来描述地球化学作用的一种概念化的模式。在这种概念化的模式基础上利用数学方法和计算机语言编制的软件便是地球化学模式程序。它是进行地球化学模拟，定量研究地球化学作用的一个重要手段。

4.3　核素形态测定方法分析

天然地下水中元素的测定方法有许多种，归纳起来大致有实验分析法和水化学计算法两大类。

实验分析法有现场和实验室测定分析两种，为了使数据准确，各种离子均有其常用的测定方法。这些方法都以现场水样的正确采集为前提。采样时通过仪器可以在现场测定 pH 值、E_h、电导率、CO_2 气体及一些容易挥发分解离子等参数。应尽量不要扰动需要采取的水样，并选取水中悬浮物很少的流动泉水点，采取后立即密封保存。应该尽量避免使用过滤的办法采取，这样可以预防水在空气中被氧化。采取的水样应该尽快送实验室进行分析测定。在实验室进行水样分析时，水中元素不可能完全保持原有形态不变化。这样在一定程度上会影响元素分析结果的准确度，因此最好选定分析过程扰动小的测定方法来进行。而且必须把测定的水质分析仪器设备进行调校准确，并减少使用仪器人员技术水平的不同带来的干扰。

一般来说，这些测定方法取得的数据均为各种元素的总量。要想获得天然水中各种元素特别是铀、锶等放射性核素的存在形态，仅利用实验分析法是不可能获得的。还必须结合化学计算的方法来计算水中组分的实际存在状态。由于水中组分方程复杂，并且方程式繁多，计算工作量庞大，常采用水文地球化学模式程序来计算的水文地球化学计算方法。目前，基本上都采用此方法来进一步确定水中元素具体化学组分的种类和含量的多少。针对水中各种元素存在形式计算而开发的程序比较多。常用的 MINTEQA2、MINTEQL、PHREEQC 及 EQ3NR 等水文地球化学模式可以推测或计算水中各种核素存在形态的含量。程序计算的元素范围取决于所使用软件中内含的热力学平衡和动力学数据库。本章采用 PHREEQC软件来计算地下水和泉水中各元素及铀、锶核素的主要元素形态。PHREEQC 其名字来源于 pH 值、REdox 和 EQuilibrium 的组合，最早是用 Fortran 写的，称为PHREEQE，版本升级后除了用 C 语言对软件进行重写后，还大大地扩充了它的功能，界面改变为全新的 Windows 界面，由此演变为现在的 PHREEQC，它集形成和编辑输入文件、运行模拟和浏览模拟结果于同一用户界面，其帮助功能中带有完整的 PHREEQC 手册，它以离子缔合水模型为基础，能计算 pH 值、E_h、组分变化和多相平衡中溶液的组成及形态。本书通过 PHREEQC 软件计算出地下水中主要元素存在形态后，分析出水中占优势组分含量和变化，为下一章核素铀、锶在研究区地下水中迁移预测提供依据。

4.4　铀、锶在地下水中形态分布

铀、锶泄漏转移到水中会发生化学形态变化。分别会以各种存在形态分布于水中或者与岩石发生化学反应而沉淀，此时，不同存在形式的核素被岩石的阻滞吸附存在很明显的差异。另外，影响铀化合物溶解和沉淀的因素，如天然水的化学成分、酸碱度、氧化还原性能、温度等，对铀在水中的迁移都有影响。本书主要是预测核素铀、锶在水中的迁移行为，铀、锶在水中形成的沉淀化合物可以有效地阻滞其迁移，而在水中形成优势场的不同形态铀、锶离子、化合物更有利于迁移，在水中的迁移可能性更大。因此，需要了解研究区地下水中铀、锶的存在形态，作为下一章核素水化学迁移模拟的基础。本节重点放在研究和分析铀、锶在水中的优势离子和化合物上。

铀在地下水中主要有溶液中的无机离子或分子、可转化为溶解状态的有机化合物和胶体三大类。其在自然界水中的存在形态见表4-1。一般在实验室中采用的测定方法主要能分析水中以无机离子和分子存在的总铀。而对水中有机化合物和胶体状态的铀元素一般也是转化为无机离子和分子来测定的。本研究区处于花岗岩北山地区，据甘肃北山地区区域水文地质腐殖酸调查，地下水天然腐殖酸含量最高为 0.49mg/L，最低为 0.03mg/L，平均含量 0.24mg/L，地下水中有机质和胶体含量较低，而且研究理论和手段都不成熟，很难展开研究。因此，本章铀存在形态的研究主要针对水中的无机离子和分子展开。

锶属岩石圈表层含量非常多的微量元素，在自然界天然水中存在的化学性质比较稳定。本研究区中地下水中有机质含量较少，其存在形态主要为无机分子或离子形式，具体包括 Sr^{2+}、$SrSO_4^0$、$SrHCO_3^+$、$SrCO_3^0$ 和 $SrOH^+$ 五种形式。

表 4-1   自然界水中铀的存在形态类别

类别		铀存在形式
无机分子和离子	四价	U^{4+}，$U(OH)_n^{4-n}$，UF_n^{4-n}，$U(SO_4)_n^{4-2n}$，UCl^{3+}，$U(HPO_4)_n^{4-2n}$
	六价	UO_2^{2+}，$UO_2(OH)_n^{2-n}$，$UO_2F_n^{2-n}$，UO_2Cl^+，$UO_2(SO_4)_n^{2-2n}$，$UO_2(CO_3)_n^{2-2n}$，$UO_2H_3SiO_4^+$，$UO_2(HO_4)_n^{2-n}$，$UO_2(H_2PO_4)_n^{2-2n}$
有机化合物		曲酸合铀酰，乙酸丙酮合铀酰，胡敏酸合铀酰，富啡酸合铀酰
胶体	吸附铀的胶体	腐殖酸，硅胶，黏土，$[Fe(OH)_3]_n$，$[Al(OH)_3]_n^{n+}$
	铀胶体	$[UO_2(OH)_3]_n^-$，$[UO_2(OH)^+]_n^+$

4.5   研究区地下水中主要元素形态分布

4.5.1   不同类型地下水中主要元素形态计算

场址的主要含水层为花岗岩裂隙潜水含水层，有部分泉水出露。但由于地下水露头多为浅井或泉，因此深部地下水化学样品很少，在预选区场址施工的钻孔有BS01、BS02 和 BS03 等钻孔，预选区场址 BS01、BS02 和 BS03 等钻孔揭露的深度分布为 700m、500m、600m，根据采集的预选区场址 BS01、BS02 和 BS03 等钻孔花岗岩地下水，对其化学成分和水质指标进行分析，可以了解研究区地下不同深度情况下地下水中的水化学分布情况，其化学分析结果详细情况见表4-2~表4-5。

表 4-2　BS01 地下水化学分析结果

分析项目		质量浓度/mg · L⁻¹	摩尔浓度/mol · L⁻¹	占比/%
阳离子	K^+	11.50	0.29	0.66
	Na^+	824.60	35.87	81.99
	Ca^{2+}	80.06	2.00	9.14
	Mg^{2+}	42.54	1.75	7.77
	Al^{3+}	<0.02		
	NH_4^+	3.40	0.19	0.43
	总计	962.10	40.10	99.99
阴离子	HCO_3^-	83.81	1.37	2.59
	CO_3^{2-}	0.00	0.00	0.00
	Cl^-	757.50	21.37	40.41
	SO_4^{2-}	1439.20	14.98	56.66
	F^-	2.30	0.12	0.23
	NO_3^-	3.90	0.06	0.11
	总计	2286.71	37.90	100.00

表 4-3　BS02 地下水化学分析结果

分析项目		质量浓度/mg · L⁻¹	摩尔浓度/mol · L⁻¹	占比/%
阳离子	K^+	14.93	0.38	2.21
	Na^+	333.90	14.52	84.42
	Ca^{2+}	15.24	0.38	4.42
	Mg^{2+}	18.50	0.76	8.84
	Al^{3+}	<0.02		
	NH_4^+	0.36	0.02	0.12
	总计	382.93	16.06	100.01
阴离子	HCO_3^-	37.89	0.62	3.22
	CO_3^{2-}	18.06	0.30	3.12
	Cl^-	376.20	10.61	55.17
	SO_4^{2-}	347.20	3.61	37.55
	F^-	0.86	0.05	0.26
	NO_3^-	8.10	0.13	0.68
	总计	788.31	15.32	100.00

表 4-4 BS03 地下水化学分析结果

分析项目		质量浓度/mg·L^{-1}	摩尔浓度/mol·L^{-1}	占比/%
阳离子	K$^+$	15.85	0.41	0.57
	Na$^+$	1030.00	44.80	62.22
	Ca^{2+}	372.80	9.30	25.83
	Mg^{2+}	99.40	4.09	11.36
	Al^{3+}	<0.02		0.00
	NH$_4^+$	0.12	0.01	0.01
	总计	1518.17	58.61	99.99
阴离子	HCO$_3^-$	128.6	2.11	2.68
	CO$_3^{2-}$	0.00	0.00	0.00
	Cl$^-$	1189.00	33.55	42.65
	SO$_4^{2-}$	2034.00	21.16	53.79
	F$^-$	2.20	0.12	0.17
	NO$_3^-$	35.20	0.57	0.72
	总计	3389.00	57.51	100.02

表 4-5 研究区地下水水质分析结果

取样点	总硬度/mg·L^{-1}	暂时硬度/mg·L^{-1}	永久硬度/mg·L^{-1}	总碱度	总酸度
BS01	190.30			68.73	8.01
BS02	53.26			46.14	0.00
BS03	666.37			105.45	8.01

取样点	游离 CO$_2$ 质量浓度/mg·L^{-1}	化学需氧量/mg·L^{-1}	pH 值	U 质量浓度/mg·L^{-1}	Sr 质量浓度/mg·L^{-1}
BS01	0.00	4.72	7.45	0.619	1.331
BS02	0.00	2.21	7.45	0.253	0.799
BS03	0.00	1.07	7.48	0.119	3.84

从表 4-2~表 4-5 分析结果可知，研究区中地下水阳离子主要为 Na$^+$，占水中阳离子总量的 62%~85%，其次为 Ca^{2+}；阴离子主要为 Cl$^-$ 和 SO$_4^{2-}$，Cl$^-$ 占水中阴离子总量的 41%~56%，因此，本研究区地下水的主要化学相为 Cl·SO$_4$-Na 和 SO$_4$·Cl-Na，其次为 Cl·SO$_4$-Na·Ca。

查清地下水与溢出地表泉水的化学组分的变化有助于研究地下水中核素迁移行为。研究区乌龙泉泉水水样水分析基本数据见表 4-6 和表 4-7。

表 4-6   乌龙泉泉水主要离子水化学分析结果

分析项目		质量浓度/mg·L^{-1}	摩尔浓度/mol·L^{-1}	占比/%
阳离子	K$^+$	17.60	0.45	0.51
	Na$^+$	950.50	41.34	47.28
	Ca^{2+}	904.00	22.55	51.58
	Mg^{2+}	6.68	0.27	0.62
	总 计	1878.78	64.61	99.99
阴离子	HCO$_3^-$	17.22	0.28	0.32
	CO$_3^{2-}$	0.00	0.00	0.00
	Cl$^-$	1261.00	35.57	40.95
	SO$_4^{2-}$	2438.00	25.38	58.45
	NO$_3^-$	<0.20		0.00
	F$^-$	4.80	0.25	0.29
	总 计	3721.02	61.48	100.01

表 4-7   乌龙泉水质分析结果

取样点	总硬度 /mg·L^{-1}	暂时硬度 /mg·L^{-1}	永久硬度 /mg·L^{-1}	总碱度	总酸度
乌龙泉	1147.24	14.12	1133.12	14.12	8.01

取样点	游离 CO$_2$ /mg·L^{-1}	侵蚀 CO$_2$ /mg·L^{-1}	pH 值	U 质量浓度 /mg·L^{-1}	Sr 质量浓度 /mg·L^{-1}
乌龙泉	0.00		7.20	3.08	未检出

由表 4-6 可知，乌龙泉属 SO$_4$·Cl-Ca·Na 型泉水。在分析了地下水中不同元素化学相变化的基础上，还必须了解本区地下水中各元素的无机离子和分子存在形态的量的变化差异。采用地球化学模式软件计算可得研究区地下水和乌龙泉水的元素存在形态，见表 4-8。通过对比可知，地下水和泉水中主要元素 Na、K、Ca、Mg、Cl 等的各种形态基本相同，这和它们均由大气降水补给，属于相同水文地质单元有很大关系。不过，在计算结果中 N、S、Al、U 等元素存在形态有所不同。据计算表结果可看出地下水存在的一些组分如 NH$_4^+$、NH$_4$SO$_4^-$、AlHSO$_4^{2+}$、AlSO$_4^+$ 等在泉水中没有存在或含量非常低（如 NO$_3^-$）。

表 4-8 PHREEQC 算出的预选区中地下水和乌龙泉泉水中主要元素存在形态

（mol/L）

元素	元素组分	BS01 地下水	BS02 地下水	BS03 地下水	乌龙泉
Cl	Cl^-	2.142×10^{-2}	1.062×10^{-2}	3.366×10^{-2}	3.571×10^{-2}
S	SO_4^{2-}	6.605×10^{-3}	1.688×10^{-3}	8.441×10^{-3}	9.389×10^{-3}
	$NaSO_4^-$	5.113×10^{-4}	6.782×10^{-5}	7.376×10^{-4}	7.406×10^{-4}
	$CaSO_4^0$	2.090×10^{-4}	1.771×10^{-5}	1.003×10^{-3}	2.569×10^{-3}
	$MgSO_4^0$	1.702×10^{-4}	3.303×10^{-5}	4.351×10^{-4}	3.132×10^{-5}
	KSO_4^-	4.865×10^{-6}	2.139×10^{-6}	7.985×10^{-6}	9.740×10^{-6}
	$NH_4SO_4^-$	9.319×10^{-6}	2.207×10^{-8}	3.668×10^{-7}	0
	HSO_4^-	1.601×10^{-7}	1.151×10^{-12}	1.095×10^{-8}	1.496×10^{-8}
	$CaHSO_4^+$	9.721×10^{-9}	1.375×10^{-15}	2.102×10^{-10}	6.740×10^{-10}
	$AlHSO_4^+$	4.517×10^{-11}	7.767×10^{-26}	3.420×10^{-20}	0
	$AlSO_4^+$	1.543×10^{-11}	2.349×10^{-27}	7.298×10^{-13}	0
C	HCO_3^-	1.327×10^{-3}	2.540×10^{-5}	2.009×10^{-3}	3.240×10^{-4}
	CO_2	1.134×10^{-4}	8.309×10^{-10}	1.421×10^{-4}	2.743×10^{-5}
	$NaHCO_3$	1.820×10^{-5}	1.599×10^{-7}	3.228×10^{-5}	4.732×10^{-6}
	$CaHCO_3^+$	4.764×10^{-6}	2.474×10^{-8}	3.227×10^{-5}	1.252×10^{-6}
	$MgHCO_3^+$	5.209×10^{-6}	5.660×10^{-8}	1.653×10^{-5}	1.732×10^{-7}
	$UO_2(CO_3)_3^{4-}$	1.074×10^{-6}	9.134×10^{-7}	2.961×10^{-7}	2.215×10^{-9}
	CO_3^{2-}	2.076×10^{-6}	9.499×10^{-5}	4.083×10^{-6}	5.607×10^{-7}
	$NaCO_3^-$	3.033×10^{-7}	7.854×10^{-6}	7.840×10^{-7}	1.021×10^{-7}
	$UO_2(CO_3)_2^{2-}$	1.430×10^{-6}	4.968×10^{-8}	1.988×10^{-7}	1.107×10^{-8}
	$CaCO_3^0$	5.316×10^{-7}	7.934×10^{-6}	3.928×10^{-6}	1.244×10^{-6}
	$MgCO_3^0$	2.648×10^{-7}	8.871×10^{-6}	1.009×10^{-6}	8.876×10^{-9}
	$UO_2CO_3^0$	1.021×10^{-7}	7.642×10^{-11}	6.810×10^{-9}	2.712×10^{-9}
K	K^+	2.900×10^{-4}	3.800×10^{-4}	3.989×10^{-4}	4.421×10^{-4}
	KSO_4^-	4.865×10^{-6}	2.139×10^{-6}	7.985×10^{-6}	9.740×10^{-6}
	KOH^0	2.303×10^{-11}	8.604×10^{-8}	3.335×10^{-11}	2.977×10^{-11}
Na	Na^+	3.543×10^{-2}	1.446×10^{-2}	4.419×10^{-2}	4.076×10^{-2}
	$NaSO_4^-$	5.113×10^{-4}	6.782×10^{-5}	7.376×10^{-4}	7.406×10^{-4}
	$NaHCO_3^0$	1.820×10^{-5}	7.854×10^{-6}	3.228×10^{-5}	4.732×10^{-6}
	NaF^0	1.613×10^{-6}	2.844×10^{-7}	1.749×10^{-6}	3.540×10^{-6}
	$NaCO_3^-$	3.033×10^{-7}	1.599×10^{-7}	7.840×10^{-7}	1.021×10^{-7}
	$NaOH^0$	5.423×10^{-9}	6.268×10^{-6}	7.163×10^{-9}	5.326×10^{-9}

元素	元素组分	BS01 地下水	BS02 地下水	BS03 地下水	乌龙泉
Ca	$CaSO_4^0$	$2.090×10^{-4}$	$1.771×10^{-5}$	$1.003×10^{-3}$	$2.569×10^{-3}$
	Ca^{2+}	$7.866×10^{-4}$	$1.632×10^{-4}$	$3.627×10^{-3}$	$8.733×10^{-3}$
	$CaHCO_3^+$	$4.764×10^{-6}$	$2.474×10^{-8}$	$3.227×10^{-5}$	$1.252×10^{-5}$
	$CaCO_3^0$	$5.316×10^{-7}$	$7.934×10^{-6}$	$3.928×10^{-6}$	$1.244×10^{-6}$
	CaF^+	$2.698×10^{-7}$	$2.796×10^{-8}$	$1.115×10^{-6}$	$5.978×10^{-6}$
	$CaOH^+$	$2.176×10^{-9}$	$1.404×10^{-6}$	$1.014×10^{-8}$	$1.948×10^{-8}$
	$CaHSO_4^+$	$4.517×10^{-11}$	$1.375×10^{-15}$	$2.102×10^{-10}$	$6.740×10^{-10}$
Mg	$MgSO_4^0$	$1.702×10^{-4}$	$3.303×10^{-5}$	$4.351×10^{-4}$	$3.132×10^{-5}$
	Mg^{2+}	$6.911×10^{-4}$	$3.206×10^{-4}$	$1.595×10^{-3}$	$1.058×10^{-4}$
	$MgHCO_3^+$	$5.209×10^{-6}$	$5.660×10^{-8}$	$1.653×10^{-5}$	$1.732×10^{-7}$
	MgF^+	$1.996×10^{-6}$	$4.517×10^{-7}$	$4.091×10^{-6}$	$6.024×10^{-7}$
	$MgCO_3^0$	$2.648×10^{-7}$	$8.871×10^{-6}$	$1.009×10^{-6}$	$8.876×10^{-9}$
	$MgOH^+$	$1.027×10^{-8}$	$1.786×10^{-5}$	$3.252×10^{-8}$	$1.902×10^{-9}$
U	$U(OH)_5^-$	$6.541×10^{-37}$	$3.271×10^{-31}$	$1.064×10^{-37}$	$1.734×10^{-20}$
	$U(OH)_4^0$	$9.979×10^{-40}$	$1.931×10^{-37}$	$1.357×10^{-40}$	$2.653×10^{-23}$
	U^{4+}	0	0	0	0
	UO^{2+}	$2.862×10^{-23}$	$1.373×10^{-24}$	$2.176×10^{-24}$	$1.685×10^{-15}$
	$UO_2(CO_3)_3^{4-}$	$1.074×10^{-6}$	$9.134×10^{-7}$	$2.961×10^{-7}$	$2.215×10^{-9}$
	$UO_2(CO_3)_2^{2-}$	$1.430×10^{-6}$	$4.968×10^{-8}$	$1.988×10^{-7}$	$1.107×10^{-8}$
	$UO_2CO_3^0$	$1.021×10^{-7}$	$7.642×10^{-11}$	$6.810×10^{-9}$	$2.712×10^{-9}$
	UO_2OH^+	$1.975×10^{-10}$	$7.364×10^{-12}$	$1.029×10^{-11}$	$2.672×10^{-11}$
	UO_2^{2+}	$1.989×10^{-11}$	$2.047×10^{-16}$	$8.411×10^{-13}$	$2.562×10^{-12}$
	$(UO_2)_3(OH)_5^+$	$2.142×10^{-10}$	$3.360×10^{-8}$	$8.130×10^{-15}$	$5.779×10^{-14}$
	$(UO_2)_2(OH)_2^{2+}$	$8.829×10^{-12}$	$5.308×10^{-15}$	$8.616×10^{-15}$	$4.124×10^{-14}$
Sr	Sr^{2+}	$1.211×10^{-5}$	$8.144×10^{-6}$	$3.456×10^{-5}$	
	$SrSO_4^0$	$3.040×10^{-6}$	$8.371×10^{-7}$	$9.103×10^{-6}$	
	$SrHCO_3^+$	$7.262×10^{-8}$	$1.236×10^{-9}$	$3.117×10^{-7}$	
	$SrCO_3^0$	$2.467×10^{-9}$	$1.243×10^{-7}$	$1.204×10^{-8}$	
	$SrOH^+$	$1.036×10^{-11}$	$2.163×10^{-8}$	$2.992×10^{-11}$	

由于主要研究预测铀、锶元素在研究区地下水中的迁移行为，在这之前必须先了解研究区地下水中铀和锶元素占优势的存在形态，这样在后文预测核素迁移时可以作为对比分析各优势形态的迁移变化元素的依据。由表 4-8 可知，通过采用软件对研究区地下水和泉水中的铀组分计算得到的含量大小变化进行对比分析可以发现，$UO_2(CO_3)_3^{4-}$、$UO_2(CO_3)_2^{2-}$、$UO_2CO_3^0$、UO_2OH^+、$(UO_2)_3(OH)_5^+$、$(UO_2)_2(OH)_2^{2+}$ 等组分的含量变化不大。而 $U(OH)_5^-$、$U(OH)_4^0$、UO_2^{2+} 三种组分含量变化最大。这三种组分在地下水中分别是 $6.541×10^{-37} \sim 3.271×10^{-31}$ mol/L、$9.979×10^{-40} \sim 1.931×10^{-37}$ mol/L 和 $2.176×10^{-24} \sim 1.989×10^{-11}$ mol/L 范围内，而在乌龙泉中这三种组分的含量分别为 $1.734×10^{-20}$ mol/L、$2.653×10^{-23}$ mol/L 和 $2.562×10^{-12}$ mol/L，泉水中的含量与地下水中的含量差别非常大，结合铀的水化学性质，推测其产生这种结果的原因主要可能是由于两种水型中 pH 值的变化引起。BS01、BS02、BS03 中地下水的 pH 值都在 7.40 ~ 7.45 之间变化，但是乌龙泉泉水 pH 值为7.20。这有可能引起水中三种铀组分 $U(OH)_5^-$、$U(OH)_4^0$、UO_2^{2+} 含量变化出现差异。因此，为了进一步研究 pH 值对研究区水中铀迁移有多大的影响程度，下一章水化模拟迁移中将会把 pH 值作为铀及其主要组分的迁移影响元素之一进行讨论。

地下水中 Sr 元素的存在形式为 Sr^{2+}、$SrSO_4^0$、$SrHCO_3^+$、$SrCO_3^0$ 和 $SrOH^+$，各组分的量在 3 个不同地下水中的量逐渐降低，其中 Sr^{2+} 和 $SrSO_4^0$ 的量均高于后三者两个数量级，说明地下水中 Sr 元素以 Sr^{2+}、$SrSO_4^0$ 为主。

4.5.2 Cl、Ca、S、U 和 Sr 的元素形态分布分析

从表 4-8 中可得出 Mg、K、Cl、Na、Ca 和 U 等九种元素在地下水和乌龙泉泉水中的各种形态的含量。为了更加具体直观地分析其中五种主要元素（Cl、Na、Ca、S、U）在地下水和泉水中的形态分布状况，分别做出以下图表，见表4-9~表 4-13、图 4-1~图 4-10。

表 4-9　研究区中地下水和乌龙泉中 Cl 元素主要形态分析表　　（mol/L）

Cl 的形态	地下水			乌龙泉
	BS01	BS02	BS03	
Cl^-	$2.142×10^{-2}$	$1.062×10^{-2}$	$3.366×10^{-2}$	$3.571×10^{-2}$

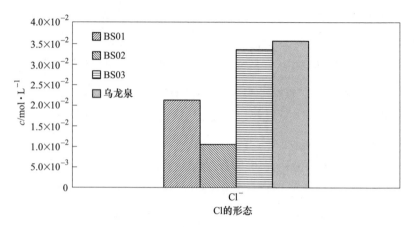

图 4-1　研究区中地下水和乌龙泉中 Cl 元素主要形态分析柱状图

表 4-10　研究区中地下水和乌龙泉中 Na 元素主要形态分析表　　（mol/L）

Na 的形态	地下水			乌龙泉
	BS01	BS02	BS03	
Na^+	$3.543×10^{-2}$	$1.446×10^{-2}$	$4.419×10^{-2}$	$4.076×10^{-2}$
$NaSO_4^-$	$5.113×10^{-4}$	$6.782×10^{-5}$	$7.376×10^{-4}$	$7.406×10^{-4}$
$NaHCO_3$	$1.820×10^{-5}$	$7.854×10^{-6}$	$3.228×10^{-5}$	$4.732×10^{-6}$
NaF^0	$1.613×10^{-6}$	$2.844×10^{-7}$	$1.749×10^{-6}$	$3.540×10^{-6}$
$NaCO_3^-$	$3.033×10^{-7}$	$1.599×10^{-7}$	$7.840×10^{-7}$	$1.021×10^{-7}$
$NaOH^0$	$5.423×10^{-9}$	$6.268×10^{-6}$	$7.163×10^{-9}$	$5.326×10^{-9}$

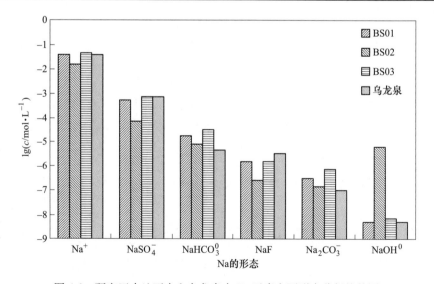

图 4-2　研究区中地下水和乌龙泉中 Na 元素主要形态分析柱状图

表 4-11　研究区中地下水和乌龙泉中 Ca 元素主要形态分析表　（mol/L）

Ca 的形态	地下水			乌龙泉
	BS01	BS02	BS03	
$CaSO_4^0$	2.090×10^{-4}	1.771×10^{-5}	1.003×10^{-3}	2.569×10^{-3}
Ca^{2+}	7.866×10^{-4}	1.632×10^{-4}	3.627×10^{-3}	8.733×10^{-3}
$CaHCO_3^+$	4.764×10^{-6}	2.474×10^{-8}	3.227×10^{-5}	1.252×10^{-5}
$CaCO_3^0$	5.316×10^{-7}	7.934×10^{-6}	3.928×10^{-6}	1.244×10^{-6}
CaF^+	2.698×10^{-7}	2.796×10^{-8}	1.115×10^{-6}	5.978×10^{-6}
$CaOH^+$	2.176×10^{-9}	1.404×10^{-6}	1.014×10^{-8}	1.948×10^{-8}
$CaHSO_4^+$	4.517×10^{-11}	1.375×10^{-15}	2.102×10^{-10}	6.740×10^{-10}

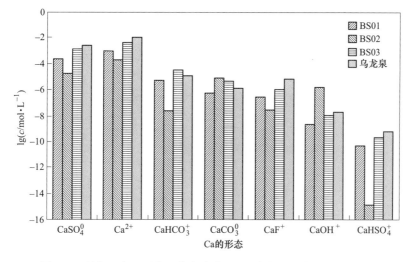

图 4-3　研究区中地下水和乌龙泉中 Ca 元素主要形态分析柱状图

表 4-12　研究区中地下水和乌龙泉中 S 元素主要形态分析表　（mol/L）

S 的形态	地下水			乌龙泉
	BS01	BS02	BS03	
SO_4^{2-}	6.605×10^{-3}	1.688×10^{-3}	8.441×10^{-3}	9.389×10^{-3}
$NaSO_4^-$	5.113×10^{-4}	6.782×10^{-5}	7.376×10^{-4}	7.406×10^{-4}
$CaSO_4^0$	2.090×10^{-4}	1.771×10^{-5}	1.003×10^{-3}	2.569×10^{-3}
$MgSO_4^0$	1.702×10^{-4}	3.303×10^{-5}	4.351×10^{-4}	3.132×10^{-5}
KSO_4^-	4.865×10^{-6}	2.139×10^{-6}	7.985×10^{-6}	9.740×10^{-6}
$NH_4SO_4^-$	9.319×10^{-6}	2.207×10^{-8}	3.668×10^{-7}	0
HSO_4^-	1.601×10^{-7}	1.151×10^{-12}	1.095×10^{-8}	1.496×10^{-8}
$CaHSO_4^+$	9.721×10^{-9}	1.375×10^{-15}	2.102×10^{-10}	6.740×10^{-10}
$AlHSO_4^+$	4.517×10^{-11}	7.767×10^{-26}	3.420×10^{-20}	0

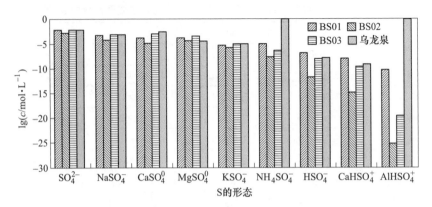

图 4-4   研究区中地下水和乌龙泉中 S 元素主要形态分析柱状图

分析表 4-9～表 4-12、图 4-1～图 4-4 中研究区两种类型水中 Cl、Na、Ca、S 常量元素的形态分布变化，两者的主要形态基本一致；从分布含量多少来看，地下水 BS01～BS03 中 Na^+、SO_4^{2-} 含量明显高于其他地下水和乌龙泉，乌龙泉泉水中的 $CaSO_4$ 和 Ca^{2+} 的含量是地下水的两倍多，这是由于乌龙泉泉水中的永久硬度值高引起的。

表 4-13   研究区中地下水和乌龙泉泉水中 U 元素主要形态分析表 （mol/L）

U 的形态	地下水			乌龙泉
	BS01	BS02	BS03	
$U(OH)_5^-$	$6.541×10^{-37}$	$3.271×10^{-31}$	$1.064×10^{-37}$	$1.734×10^{-20}$
$U(OH)_4^0$	$9.979×10^{-40}$	$1.931×10^{-37}$	$1.357×10^{-40}$	$2.653×10^{-23}$
U^{4+}	0	0	0	0
UO^{2+}	$2.862×10^{-23}$	$1.373×10^{-24}$	$2.176×10^{-24}$	$1.685×10^{-15}$
$UO_2(CO_3)_3^{4-}$	$1.074×10^{-6}$	$9.134×10^{-7}$	$2.961×10^{-7}$	$2.215×10^{-9}$
$UO_2(CO_3)_2^{2-}$	$1.430×10^{-6}$	$4.968×10^{-8}$	$1.988×10^{-7}$	$1.107×10^{-8}$
$UO_2CO_3^0$	$1.021×10^{-7}$	$7.642×10^{-11}$	$6.810×10^{-9}$	$2.712×10^{-9}$
UO_2OH^+	$1.975×10^{-10}$	$7.364×10^{-12}$	$1.029×10^{-11}$	$2.672×10^{-11}$
UO_2^{2+}	$1.989×10^{-11}$	$2.047×10^{-16}$	$8.411×10^{-13}$	$2.562×10^{-12}$
$(UO_2)_3(OH)_5^+$	$2.142×10^{-10}$	$3.360×10^{-8}$	$8.130×10^{-15}$	$5.779×10^{-14}$
$(UO_2)_2(OH)_2^{2+}$	$8.829×10^{-12}$	$5.308×10^{-15}$	$8.616×10^{-15}$	$4.124×10^{-14}$

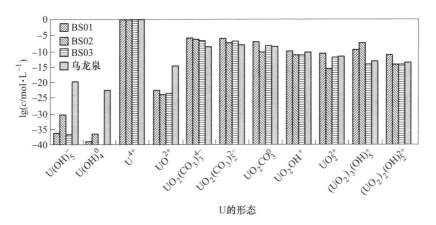

图 4-5　研究区中地下水和乌龙泉中 U 元素主要形态分析柱状图

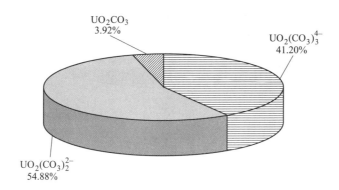

图 4-6　研究区地下水 BS01 中铀元素的形态分布饼状图

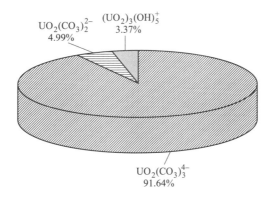

图 4-7　研究区地下水 BS02 中铀元素的形态分布饼状图

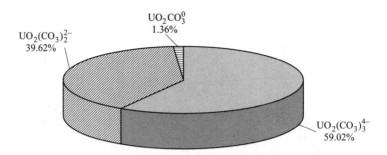

图 4-8 研究区地下水 BS03 中铀元素的形态分布饼状图

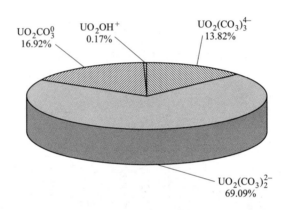

图 4-9 研究区乌龙泉泉水中铀元素的形态分布饼状图

分析表 4-13、图 4-5~图 4-9 中研究区马龙泉泉水及地下水中不同铀存在形态变化情况可知，两者铀存在形态组成变化基本一致。不过各种存在组分的含量变化有一些差异。其中，研究区地下水中 $U(OH)_5^-$、$U(OH)_4^0$、UO_2^{2+} 三种组分含量均明显低于乌龙泉中的含量，这是由于两种水型中 pH 值的差异造成的。

表 4-14 研究区地下水中 Sr 元素主要形态分析表　　　（mol/L）

Sr 的形态	地下水		
	BS01	BS02	BS03
Sr^{2+}	$1.211×10^{-5}$	$8.144×10^{-6}$	$3.456×10^{-5}$
$SrSO_4^0$	$3.040×10^{-6}$	$8.371×10^{-7}$	$9.103×10^{-6}$
$SrHCO_3^+$	$7.262×10^{-8}$	$1.236×10^{-9}$	$3.117×10^{-7}$
$SrCO_3^0$	$2.467×10^{-9}$	$1.243×10^{-7}$	$1.204×10^{-8}$
$SrOH^+$	$1.036×10^{-11}$	$2.163×10^{-8}$	$2.992×10^{-11}$

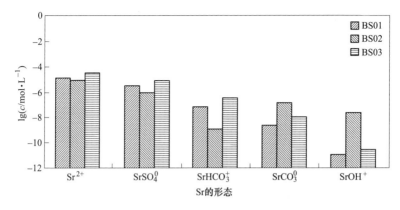

图 4-10 研究区中地下水中 Sr 元素主要形态分析柱状图

由于乌龙泉泉水中未检出 Sr 元素，故在此主要分析研究区地下水中 Sr 元素的存在形态。通过表 4-14 和图 4-10 可以得出：地下水中 Sr^{2+} 和 $SrSO_4^0$ 占主导地位，明显高于 $SrHCO_3^+$ 和 $SrCO_3^0$ 的浓度。

4.6 污染物铀、锶进入地下水后形态分布

4.6.1 污染源的分析

根据我国放射性废物分类标准（GB 9133—1995）中对放射性固体废物的分类可以知道，处置库中放置的高放射性固体废物主要有两大类，一类为含有半衰期大于 5a、小于或等于 30a 的放射性核素，其释热率大于 $2kW/m^3$，或比活度大于 $4×10^{11} Bq/kg$，而另一类为含有半衰期大于 30a 的放射性核素，其释热率大于 $2kW/m^3$，或比活度大于 $4×10^{10} Bq/kg$，见表 4-15。乏燃料后处理产生的高放废液固化体和核电站卸出的一次通过准备直接处置的乏燃料等都属于高放固体废物。

表 4-15 放射性废物分类标准（GB 9133—1995）

废物状态		低放废物	中放废物	高放废物
放射性气载物		浓度≤$4×10^7 Bq/m^3$	浓度>$4×10^7 Bq/m^3$	
放射性液体废物		浓度≤$4×10^6 Bq/L$	$4×10^6 Bq/L$<浓度 ≤$4×10^{10} Bq/L$	浓度>$4×10^{10} Bq/L$
非 α 固体放射性废物	$T_{1/2}$≤60d	比活度≤$4×10^6 Bq/kg$	比活度>$4×10^6 Bq/kg$	
	60d<$T_{1/2}$≤5a	比活度≤$4×10^6 Bq/kg$	比活度>$4×10^6 Bq/kg$	
	5a<$T_{1/2}$≤30a	比活度≤$4×10^6 Bq/kg$	$4×10^6 Bq/kg$<比活度<$4×10^{11} Bq/kg$	比活度>$4×10^{11} Bq/kg$
	$T_{1/2}$>30a	比活度≤$4×10^6 Bq/kg$	比活度>$4×10^{11} Bq/kg$，且释热率≤$2kW/m^3$	比活度>$4×10^{11} Bq/kg$，且释热率>$2kW/m^3$

周文斌等人利用地球化学模拟软件 EQ3/6 模拟了乏燃料与北山花岗岩裂隙水的反应，根据其计算可知，U 元素的模拟计算结果为 117.13mg/L。张华等人在高放固化体处置条件下的浸出和模型研究中模拟得出浸出的废液中 Sr 元素的结果为 56.17mg/L，此结果应高于其与花岗岩裂隙水反应迁移后的结果，此结果可作为本书研究其进入地下水迁移模拟的初始值。故污染源 U 的量取 117.13mg/L，Sr 的量取 56.17mg/L。

4.6.2   污染物铀、锶进入含水层后形态模拟计算

假设污染物（本书特指铀或锶元素）泄漏后流入地下水中，此时与原来天然的地下水相比，水中各种组分会发生相应的变化，变化的结果如何无法通过仪器分析测量求得，只能通过水文地球化学模式计算对比研究其变化，其形态变化结果可作为下一章核素铀、锶在地下水中的一维迁移行为的模拟基础。下面主要选择研究区 BS01、BS02 和 BS03 地下水来分别计算和分析天然和污染后两种状态下的铀元素的存在形态变化。

通过分析表 4-16~表 4-18、图 4-11~图 4-16 计算结果可得，研究区天然地下水与铀泄漏进入地下水后模拟计算出来的铀元素的主要存在形态没有发生明显的变化，基本保持一致，均为 $UO_2(CO_3)_3^{4-}$、$UO_2(CO_3)_2^{2-}$、$UO_2CO_3^0$ 以及 $(UO_2)_3(OH)_5^+$。不过从其含量上来看，含量多少有一定变化，各自所占比例发生改变，U 作为污染物进入地下水后地下水中 $UO_2(CO_3)_3^{4-}$ 由天然状态下所占比例分别降低了 39.7%、91.64% 和 39.27%，$UO_2(CO_3)_2^{2-}$ 分别降低了 45.58%、4.98% 和 7.57%，而 $(UO_2)_3(OH)_5^+$ 则分别增加了 86.31%、86.35% 和 45.52%。这说明 U 作为污染物进入地下水后铀元素主要发生氧化反应，被氧化为六价态的铀。从计算结果也可以反映出，此结果可以作为下一步预测核素铀迁移前水中铀形态变化的依据，以便能清楚地了解水中核素哪种优势组分在迁移中占更重要的地位。

表 4-16   研究区 BS01 地下水天然状态和有污染物时 U 元素主要形态分析表

U 的形态	天然状态下地下水		污染物进入后地下水	
	浓度/mol·L^{-1}	百分数/%	浓度/mol·L^{-1}	百分数/%
$U(OH)_5^-$	6.54×10^{-37}	0.00	5.886×10^{-35}	0.00
$U(OH)_4^0$	9.98×10^{-40}	0.00	8.984×10^{-38}	0.00
U^{4+}	0.00	0.00	0.000	0.00
UO_2^+	2.86×10^{-23}	0.00	2.575×10^{-21}	0.00
$UO_2(CO_3)_3^{4-}$	1.07×10^{-6}	41.20	4.530×10^{-6}	2.50
$UO_2(CO_3)_2^{2-}$	1.43×10^{-6}	54.86	1.679×10^{-5}	9.28

续表 4-16

U 的形态	天然状态下地下水		污染物进入后地下水	
	浓度/mol·L^{-1}	百分数/%	浓度/mol·L^{-1}	百分数/%
$UO_2CO_3^0$	$1.02×10^{-7}$	3.92	$3.321×10^{-6}$	1.84
UO_2OH^+	$1.98×10^{-10}$	0.01	$1.777×10^{-8}$	0.01
UO_2^{2+}	$1.99×10^{-11}$	0.00	$1.788×10^{-9}$	0.00
$(UO_2)_3(OH)_5^+$	$2.14×10^{-10}$	0.01	$1.562×10^{-4}$	86.33
$(UO_2)_2(OH)_2^{2+}$	$8.83×10^{-12}$	0.00	$7.143×10^{-8}$	0.04
U 总量	$2.61×10^{-6}$	100	$1.810×10^{-4}$	100

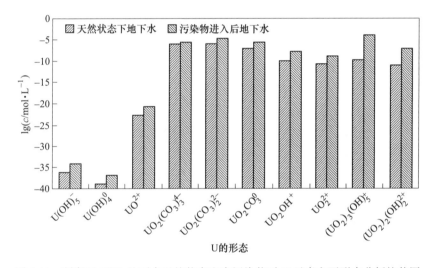

图 4-11 研究区 BS01 地下水天然状态和有污染物时 U 元素主要形态分析柱状图

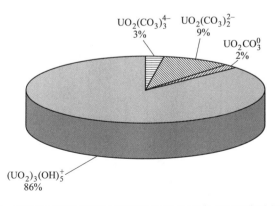

图 4-12 研究区 BS01 地下水有污染物时 U 元素主要形态分析饼图

表 4-17　研究区中 BS02 地下水天然状态和有污染物时 U 元素主要形态分析表

U 的形态	天然状态下地下水		污染物进入后地下水	
	浓度/mol·L^{-1}	百分数/%	浓度/mol·L^{-1}	百分数/%
$U(OH)_5^-$	$3.27×10^{-31}$	0.00	$8.810×10^{-37}$	0.00
$U(OH)_4^0$	$1.93×10^{-37}$	0.00	$1.228×10^{-38}$	0.00
U^{4+}	0.00	0.00	0.000	0.00
UO_2^+	$1.37×10^{-24}$	0.00	$1.593×10^{-21}$	0.00
$UO_2(CO_3)_3^{4-}$	$9.13×10^{-7}$	91.64	$1.933×10^{-20}$	0.00
$UO_2(CO_3)_2^{2-}$	$4.97×10^{-8}$	4.98	$2.619×10^{-14}$	0.00
$UO_2CO_3^0$	$7.64×10^{-11}$	0.01	$3.731×10^{-10}$	0.21
UO_2OH^+	$7.36×10^{-12}$	0.00	$8.547×10^{-9}$	4.91
UO_2^{2+}	$2.05×10^{-16}$	0.00	$3.399×10^{-9}$	1.95
$(UO_2)_3(OH)^{5+}$	$3.36×10^{-8}$	3.37	$1.562×10^{-7}$	89.72
$(UO_2)_2(OH)_2^{2+}$	$5.31×10^{-15}$	0.00	$5.576×10^{-9}$	3.20
U 总量	$9.97×10^{-7}$	100	$1.740×10^{-7}$	100.00

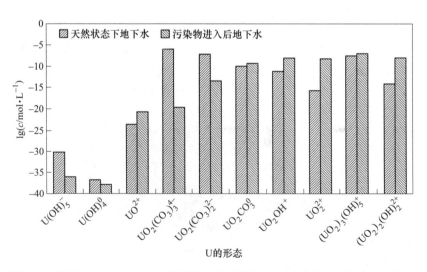

图 4-13　研究区 BS02 地下水天然状态和有污染物时 U 元素主要形态分析柱状图

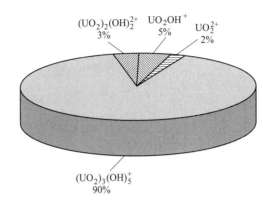

图 4-14 研究区 BS02 地下水有污染物时 U 元素主要形态分析饼图

表 4-18 研究区 BS03 地下水天然状态和有污染物时 U 元素主要形态分析表

U 的形态	天然状态下地下水		污染物进入后地下水	
	浓度/mol·L^{-1}	百分数/%	浓度/mol·L^{-1}	百分数/%
U(OH)$_5^-$	1.064×10^{-37}	0.00	2.593×10^{-34}	0.00
U(OH)$_4^0$	1.357×10^{-40}	0.00	3.308×10^{-37}	0.00
U^{4+}	0.000	0.00	0.000	0.00
UO$_2^+$	2.176×10^{-24}	0.00	5.302×10^{-21}	0.00
UO$_2$(CO$_3$)$_3^{4-}$	2.961×10^{-7}	59.02	5.107×10^{-5}	19.75
UO$_2$(CO$_3$)$_2^{2-}$	1.988×10^{-7}	39.62	8.286×10^{-5}	32.05
UO$_2$CO$_3^0$	6.810×10^{-9}	1.36	6.861×10^{-6}	2.65
UO$_2$OH$^+$	1.029×10^{-11}	0.00	2.508×10^{-8}	0.01
UO$_2^{2+}$	8.411×10^{-13}	0.00	2.050×10^{-9}	0.00
(UO$_2$)$_3$(OH)$_5^+$	8.130×10^{-15}	0.00	1.177×10^{-4}	45.52
(UO$_2$)$_2$(OH)$_2^{2+}$	8.616×10^{-15}	0.00	5.118×10^{-8}	0.02
U 总量	5.020×10^{-7}	100	2.590×10^{-4}	100.00

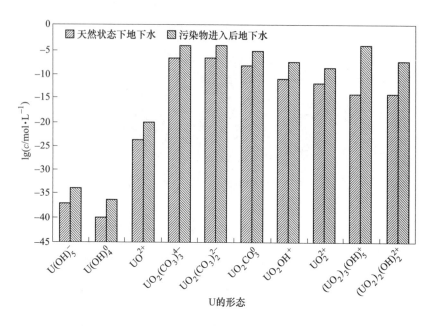

图 4-15　研究区 BS03 地下水天然状态和有污染物时 U 元素主要形态分析柱状图

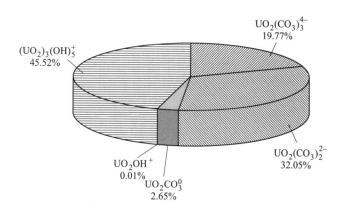

图 4-16　研究区 BS03 地下水有污染物时 U 元素主要形态分析饼图

　　下面接着在研究区 BS01、BS02 和 BS03 地下水中分别计算和分析天然和污染后两种状态下的锶元素的存在形态变化。

　　从表 4-19～表 4-21 和图 4-17～图 4-25 对比可以看出，有污染物时的地下水中 Sr 元素的存在形式主要集中在 Sr^{2+}，与天然状态的地下水相比，所占比例有所增高，达到了近 80%。

表 4-19 研究区 BS01 地下水天然状态和有污染物时 Sr 元素主要形态分析表

Sr 的形态	天然状态下地下水		污染物进入后地下水	
	浓度/mol·L⁻¹	百分数/%	浓度/mol·L⁻¹	百分数/%
Sr^{2+}	$1.211×10^{-5}$	79.54	$5.15×10^{-4}$	80.16
$SrSO_4^0$	$3.040×10^{-6}$	19.97	$1.26×10^{-4}$	19.67
$SrHCO_3^+$	$7.262×10^{-8}$	0.48	$1.11×10^{-6}$	0.17
$SrCO_3^0$	$2.467×10^{-9}$	0.02	$3.77×10^{-8}$	0.01
$SrOH^+$	$1.036×10^{-11}$	0.00	$4.40×10^{-10}$	0.00

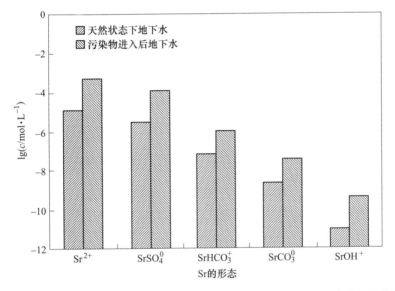

图 4-17 研究区 BS01 地下水天然状态和有污染物时 Sr 元素主要形态分析柱状图

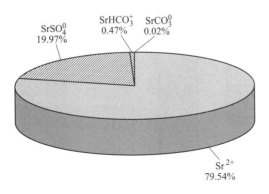

图 4-18 研究区 BS01 地下水天然状态时 Sr 元素主要形态分析饼图

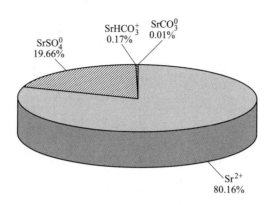

图 4-19 研究区 BS01 地下水有污染物时 Sr 元素主要形态分析饼图

表 4-20 研究区 BS02 地下水天然状态和有污染物时 Sr 元素主要形态分析表

Sr 的形态	天然状态下地下水		污染物进入后地下水	
	浓度/mol·L^{-1}	百分数/%	浓度/mol·L^{-1}	百分数/%
Sr^{2+}	$8.144×10^{-6}$	89.22	$6.41×10^{-7}$	99.97
SrSO$_4^0$	$8.371×10^{-7}$	9.17	$1.85×10^{-10}$	0.03
SrHCO$_3^+$	$1.236×10^{-9}$	0.01	$5.14×10^{-13}$	0.00
SrCO$_3^0$	$1.243×10^{-7}$	1.36	$2.82×10^{-15}$	0.00
SrOH$^+$	$2.163×10^{-8}$	0.24	$1.17×10^{-13}$	0.00

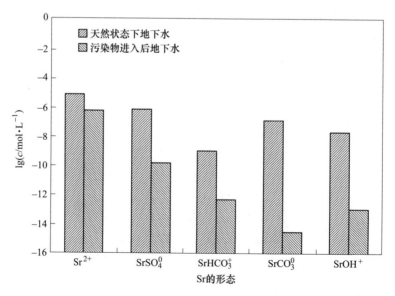

图 4-20 研究区中 BS02 地下水天然状态和有污染物时 Sr 元素主要形态分析柱状图

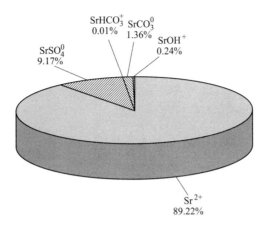

图 4-21 研究区 BS02 地下水天然状态时 Sr 元素主要形态分析饼图

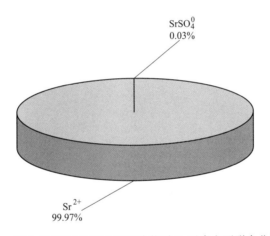

图 4-22 研究区 BS02 地下水有污染物时 Sr 元素主要形态分析饼图

表 4-21 研究区中 BS03 地下水天然状态和有污染物时 Sr 元素主要形态分析表

Sr 的形态	天然状态下地下水		污染物进入后地下水	
	浓度/mol·L^{-1}	百分数/%	浓度/mol·L^{-1}	百分数/%
Sr^{2+}	$3.456×10^{-5}$	78.57	$5.10×10^{-4}$	79.22
$SrSO_4^0$	$9.103×10^{-6}$	20.69	$1.32×10^{-4}$	20.48
$SrHCO_3^+$	$3.117×10^{-7}$	0.71	$1.89×10^{-6}$	0.29
$SrCO_3^0$	$1.204×10^{-8}$	0.03	$7.29×10^{-8}$	0.01
$SrOH^+$	$2.992×10^{-11}$	0.00	$4.40×10^{-10}$	0.00

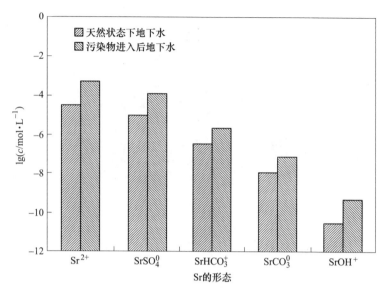

图 4-23　研究区中 BS03 地下水天然状态和有污染物时 Sr 元素主要形态分析柱状图

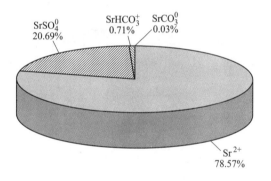

图 4-24　研究区 BS03 地下水天然状态时 Sr 元素主要形态分析饼图

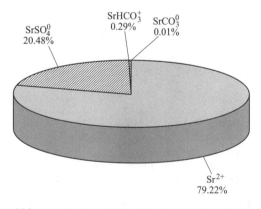

图 4-25　研究区 BS03 地下水有污染物时 Sr 元素主要形态分析饼图

4.7　小　　结

（1）运用水文地球化学模拟软件 PHREEQC-Ⅱ，对地下水中铀和锶元素的形态进行了计算分析，为建立研究区内地下水中铀、锶元素迁移的一维溶质输运耦合模型提供了依据。

（2）通过模拟软件 PHREEQC-Ⅱ对研究区的钻孔地下水 BS01、BS02 和 BS03 及乌龙泉水中 U、Sr 元素的形态进行计算分析。计算结果表明地下水及泉水中铀元素的形态分布大致相同，元素形态的量有一定区别，地下水中 $U(OH)_5^-$、$U(OH)_4^0$、UO_2^{2+} 的含量均明显低于乌龙泉中的含量。锶元素在地下水中的主要形态为无机分子或离子，研究区地下水中 Sr^{2+} 和 $SrSO_4^0$ 占主导地位，$SrHCO_3^+$ 和 $SrCO_3^0$ 的浓度相对较低。

（3）通过分析对比污染物（铀和锶元素）全部进入含水层后和天然状态下的 U、Sr 元素形态分布，地下水中铀元素的主要形态仍以 $UO_2(CO_3)_3^{4-}$、$UO_2(CO_3)_2^{2-}$、$UO_2CO_3^0$ 和 $(UO_2)_3(OH)_5^+$ 为主。U 作为污染物进入地下水后地下水中 $UO_2(CO_3)_3^{4-}$、$UO_2(CO_3)_2^{2-}$ 的量都分别降低，而 $(UO_2)_3(OH)_5^+$ 则增加超过 45%。锶元素作为污染物进入地下水后地下水中 Sr 元素主要形态为 Sr^{2+}、$SrSO_4^0$、$SrHCO_3^+$ 和 $SrCO_3^0$ 等，Sr^{2+} 和 $SrSO_4^0$ 占据主导地位，此时 Sr^{2+} 和 $SrSO_4^0$ 所占百分比接近 80%。

5 铀、锶在研究区地下水中迁移的数值模拟

5.1 计算的原理和研究方法

本章使用了美国地质调查局开发的模拟软件 PHREEQC-Ⅱ。新版本的程序中除已拥有的大型热力学数据库及更多 MINTEQA2 程序提供的元素外，还拥有为 EQ3/6 程序提供热力学数据库的 Anderson 所提供的 andenson.dat 文件。PHREEQC-Ⅱ以离子缔合水模型为基础，能够计算物质形成种类与饱和指数；模拟地球化学反演过程；计算批反应与双重介质中的多组分溶质一维运移反应。因此可以利用地球化学程序 PHREEQC-Ⅱ 来解决高放废物处置中的实际问题。PHREEQC-Ⅱ可以计算溶液中各种化学物质的分布，以及溶液中放射性核素的饱和状态。反演模拟功能可推导和量化在流动过程中能够反映化学物质变化的化学反应方程。该软件由 USGS 在旧版本重新用 C 语言改写后加入新的图形界面升级而成，界面上有很多按钮，代表各种模型所需要的关键词及相应的输入模块，可以把取得的研究区形成参数输入软件，程序会使用 Newton-Raphson 非线性方程组来迭代求解。PHREEQC-Ⅱ源代码是公开的，可根据需要进行修改和补充，在模拟计算过程中，可以把适合自身计算需要的一些 Basic 语言控制语句编入输入文件（数据库）中。PHREEQC-Ⅱ采用龙格-库塔（Runge-Kutta）法。其基本原理是建立基于反应速度的常微分方程，采用数值方法进行求解模拟，它要求对于一个简单的校正计算多个 f 的值。这也就和模拟计算中的多组分核素的一维对流-弥散计算相对应。由于该程序使用的是显式优先差分算法，当网格划分较粗时，此算法出现数值弥散。大量的数值弥散取决于反应模型本身，数值弥散在有些情况下，可能较严重，如线性离子交换，但当化学反应抵消弥散效应时，数值弥散较小。因此，利用分裂算子方法逐步模拟。首先用粗网格尽快获得结果并研究水化学反应过程，最后用细化网格评价数值弥散对反应组分和结果组分的影响。计算过程中，每个微小单元表示一个完全独立的包含特定组分的水体积单元（water volume）。每次获得的热力学模型的计算结果自动输入到"微小单元"上，使"微小单元"能够往下迁移一次。最终完成放射性核素铀、锶在研究区花岗岩裂隙水中的一维（1D）运移计算。

5.2 研究区模拟计算分区

结合研究区的基本资料和研究需要，考虑未来高放废物处置库运行一段时期之后，周边自然环境变化可能引起库失效。从工程屏障释放出来的核素，随地下水沿着裂隙向外迁移，当遇到大的导水断层后，核素就会沿着断层向地表迁移进入含水层，然后通过地质圈-生物圈界面进入生物圈。本书主要针对旧井地段预选场址的地下水中可能的核素迁移进行模拟，这时，泄漏进入地下水中的核素会优先从比较宽大花岗岩裂隙中运移，此时，只研究裂隙运移问题，忽略基质域的变化。由此演算出来的核素迁移行为，能够反映出研究区整体水流变化，通过研究其变化可以获得库区安全评价过程中最有效、最直观的信息。

研究区域地形、地貌及部分地下水位资料，同时综合北山预选区和旧井地段的地质和水文地质条件描述可知，旧井地段地区地下水主要有松散岩类孔隙水、碎屑岩类孔隙-裂隙水和基岩裂隙水三种类型，主要以潜水形式存在，其补给来源为降水入渗。该地段从旧井开始地下水总体向南流动，在南部下游河西走廊平坦地区排泄；下游存在一些村镇，为人口生活、活动地区，一旦此地区被选为库址，就需要预先评价其未来是否会危害到下游地区。据此，选定该区流向下游地区的地下水展开研究。沿水流流向，选取旧井岩体中部至疏勒河的范围作为研究区，北侧旧井丘陵为地下水分水岭位置，可概化为隔水边界；南端受断裂带阻水，地下水溢出补给疏勒河中，改化为阻水边界。区内人口稀少基本上没有开发地下水，多年呈均衡状态，因此可作为稳定流看待，水流符合达西定律。将研究区分为Ⅰ、Ⅱ两模拟区，分别对两个不同区的地下水中铀、锶元素的迁移进行模拟。图 5-1 是简化了的核素迁移分区情况示意图。

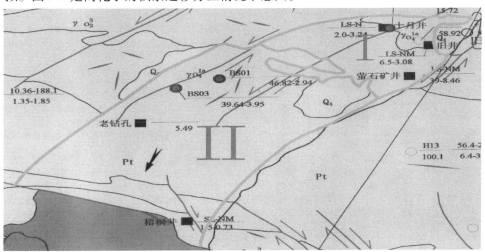

图 5-1　研究区模拟分区示意图

5.3　数值模拟条件假设和参数的选取

5.3.1　数值模拟的假设

数值模拟的假设目的是通过软件模拟计算来了解放射性核素铀、锶在北山旧井地段裂隙地下水中运移行为。根据需要假定该库防护设施失效，仅考虑核素 U、Sr 随入渗降水淋滤进入含水层后的迁移过程。核素在水中运移的整个过程可以用相应的数学方程来表述。

5.3.1.1　控制方程

对于单组分核素进入一维（1D）单裂隙地下水运移的过程，其反应机理和影响因素都非常复杂，在资料不充分的情况下不可能全部都考虑进去，这里只研究放射性元素 U 或 Sr 的吸附与衰变对迁移的作用。由此，控制方程表述如下：

$$R_i \frac{\partial c_i}{\partial t} + u \frac{\partial c_i}{\partial x} = D_L \frac{\partial^2 c_i}{\partial x^2} - R_i \lambda_i c_i + R_{i-1} \lambda_{i-1} c_{i-1} - \frac{F}{b} D_e^p \frac{\partial c_i^p}{\partial z}\bigg|_{z=0} \tag{5-1}$$

$$R_i^p \frac{\partial c_i^p}{\partial t} = D^p \frac{\partial^2 c_i^p}{\partial z^2} - R_i^p \lambda_i c_i^p + R_{i-1}^p \lambda_{i-1} c_{i-1}^p \tag{5-2}$$

式中　i——$i = 1, 2, \cdots, m$，其中，m 为所有放射性元素 U 或 Sr 的数量；

c_i，c_i^p——进入空隙和岩石的放射性元素 U 或 Sr 浓度，mol/L；

b——半隙宽，m；

u——空隙水流速，m/a；

D_L——空隙的纵向弥散系数，$D_L = \alpha_L u + D_0$，m^2/a；

λ_i——放射性元素 U 或 Sr 的衰减常数，$\lambda_0 = 0$，a^{-1}；

F——可扩散放射性元素 U 或 Sr 的空隙壁表面积与空裂隙壁总面积之比；

D_e^p——花岗岩的有效扩散系数，$D_e^p = \theta^p D^p$，m^2/a，θ^p 为花岗岩的孔隙率，D^p 为扩散系数，m^2/a；

x，z——放射性元素 U 或 Sr 在岩石中沿水平迁移的距离与沿垂向扩散的距离，m；

t——时间，a；

R_i——花岗岩空隙阻滞系数，为简便运算可认为花岗岩岩石空隙吸附很小可忽略，即 $R_i = 1$；

R_i^p——花岗岩岩石阻滞系数。

假设在花岗岩中放射性元素 U 或 Sr 被吸附的时间非常短暂，处于理想状态的情况下，其方程可以变换为：

$$R_i^p = 1 + \frac{(1 - \theta^p) \rho^p K_{di}}{\theta^p} \tag{5-3}$$

式中 K_{di}——放射性元素 U 或 Sr 在花岗岩岩石中的分配系数，mL/g；

ρ^p——花岗岩岩石干密度，g/cm³。

5.3.1.2 初始条件与边界条件

与控制方程式（5-1）和式（5-2）相对应的初始条件可以表示为：

$$c_i(x,t)\big|_{t=0} = \phi_i(x) \tag{5-4}$$

$$c_i^p(x,z,t)\big|_{t=0} = \phi_i^p(x,z) \tag{5-5}$$

式中，$\phi_i(x)$、$\phi_i^p(x, z)$ 为空隙与岩石中 U 或 Sr 的初始浓度分布，mol/L。

U 或 Sr 沿岩石开始迁移时的起始边界为 Cauchy 边界，故起始边界方程为：

$$\left(uc_i - D_L\frac{\partial c_i}{\partial x}\right)\bigg|_{z=0} = f_i(t) \tag{5-6}$$

式中，$f_i(t)$ 为设施破坏后由库中开始泄漏出来的 U 或 Sr 弥散通量，mol/(m²·a)。

放射性元素 U 或 Sr 迁移到最远处时，在岩石和水中的浓度相同，且进入岩石距离最长，据此可以得到式（5-2）的边界方程：

$$c_i^p(x,y,z)\big|_{z=0} = c_i(x,t) \tag{5-7}$$

$$\frac{\partial c_i^p}{\partial z}\bigg|_{z=d} = 0 \tag{5-8}$$

5.3.2 数值模拟参数的选取

根据 PHREEQC-Ⅱ 模拟所需要的参数，以李书绅、王志明、李春江和苏锐等人所做的实验研究成果为基础，参考郭永海、刘淑芬等人对研究区所做的水文地质调查报告和钻孔抽水试验结果，结合前文对研究区不同岩性和参数的讨论，从安全角度考虑，选择有利于核素迁移的值，对其在地质屏障中的迁移进行模拟研究。模拟所选取的参数见表 5-1。

表 5-1　研究区模拟分区及参数取值表

分　区	Ⅰ区	Ⅱ区
模拟长度/m	780	2000
单元（cell）	1~26	27~93
导水系数/m²·s⁻¹	8.673×10^{-8}	8.673×10^{-8}
渗流速度/m·a⁻¹	22.9	2.59
地下水化学成分	BS02（见表4-3）	BS01（见表4-2）
岩石的孔隙度	0.02	0.02
纵向弥散度/m	0.78	0.78
分子扩散系数/m²·s⁻¹	1.88×10^{-9}	1.88×10^{-9}

5.4　研究区水中铀迁移模拟研究

5.4.1　铀在Ⅰ区迁移模拟研究

本区处于研究区上游地区，离泄漏源头较近，因此模拟核废物泄漏后铀会首先进入本区地下水并向下游迁移，模拟计算过程中一般认为铀进入地下水中的方式主要有瞬时源和连续源两种方式。如果铀以瞬时源方式进入Ⅰ区地下水，一般能够计算出铀运移的最终变化结果，而比较难判断清楚铀浓度在迁移过程中的变化。而铀以连续源方式进入比较容易判断，因此，现实中无论是进行实验室模拟还是计算机数值模拟一般都采用后一种方式居多。本书分别采用这两种方式模拟了铀在Ⅰ区地下水中迁移情况。

5.4.1.1　以瞬时源方式进入Ⅰ区的铀迁移模拟

当铀以瞬时源方式进入Ⅰ区地下水中发生迁移，铀初始浓度取 117.13mg/L，随后其浓度会随着迁移距离和时间的改变而发生变化，其变化情况如图 5-2 和图 5-3 所示。

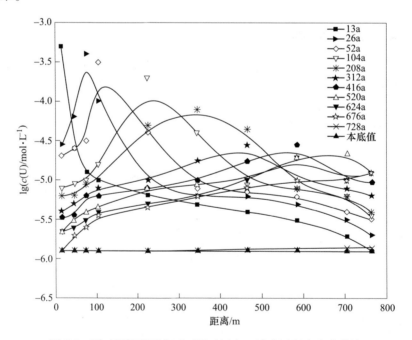

图 5-2　瞬时源情况下Ⅰ区不同时间点 U 浓度随距离变化曲线

如图 5-2 和图 5-3 所示，参照国家生活饮用水卫生标准（GB 5749—2022）取放射性指标的上限，结合国际原子能机构（IAEA）建议的放射性废水分类及

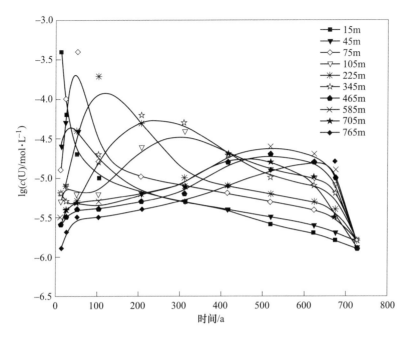

图 5-3　瞬时源情况下 I 区不同距离点 U 浓度随时间变化曲线

"三废治理与利用"编委会建议的这类放射性废水的最高浓度允许排放标准，选取铀的允许浓度（用 GB 符号来表示）为 0.05mg/L，也就是 0.21μmol/L。随着迁移距离的延续，U 在不同距离和时间点上的过程变化非常明显，形成了浓度峰值，且峰值越来越小，在 I 区末端 765m 处达到最小为 1.353μmol/L。从图中还可以看出，污染物作为瞬时源输入后，15m 处迁移曲线在 676a 时的量接近本底值，728a 后，整个 I 区内的污染物含量值与本底值一样，此时，迁移到此处的污染物 U 已迁移到极限距离，无法对下游更远地区造成污染。

5.4.1.2　以连续源方式进入 I 区的铀迁移模拟

当铀泄漏进入地下水中时，一般是以连续源的方式缓慢进入。因此，其在地下水中的迁移过程的时空分布也会和以瞬时源进入时的变化会有很大不同，通过计算得出 U 以连续源方式进入 I 区地下水后的时空变化情况，如图 5-4 和图 5-5 所示。

从图 5-4 和图 5-5 可以看出，铀以连续源的方式进入 I 区地下水后，由于泄漏的铀持续地补给流入，使水中铀的含量不断增高，最终水中铀的浓度和泄漏的铀浓度达到均一，且一直会沿着地下水的流动方向向下游推移，这点从曲线的变化就可以反映出来。此时，650m 附近（相当于 I 区界限附近）U 元素的浓度在 350a 左右时间达到污染物的初始浓度。

前面模拟得到泄漏入水中的 U 元素主要考虑水溶液中总的 U 含量，U 在地

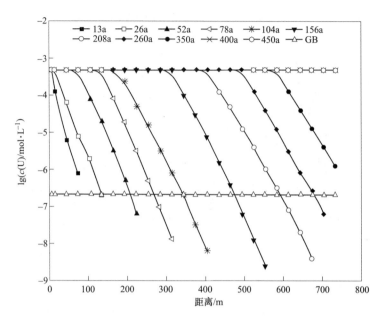

图 5-4   连续源情况下Ⅰ区不同时间点 U 浓度随距离变化曲线

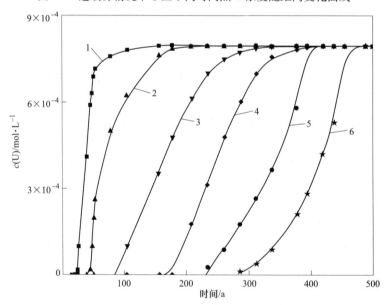

图 5-5   连续源情况下Ⅰ区不同距离点 U 浓度随时间变化曲线
1—105m；2—205m；3—348m；4—485m；5—607m；6—765m

下水中有多种存在形态，每种在水中的分布数量和化学性质也有很大区别。为了更准确地了解各种存在形态的铀在水中的时空变化情况，根据前章计算讨论可知，研究区内地下水中最主要的三种铀的存在形态为UO_2OH^+、$(UO_2)_3(OH)_5^+$及

$(UO_2)_2(OH)_2^{2+}$，据此模拟讨论以连续源方式存在的这几种形态在 I 区地下水中迁移变化情况，如图 5-6~图 5-8 所示。

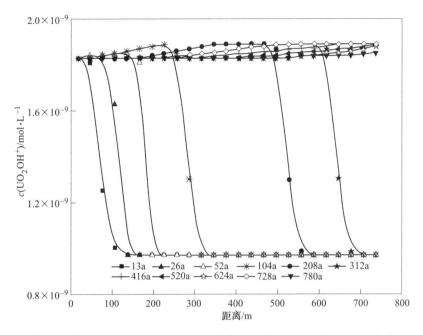

图 5-6　研究区 I 区内 UO_2OH^+ 浓度在不同时间点沿迁移途径的变化曲线

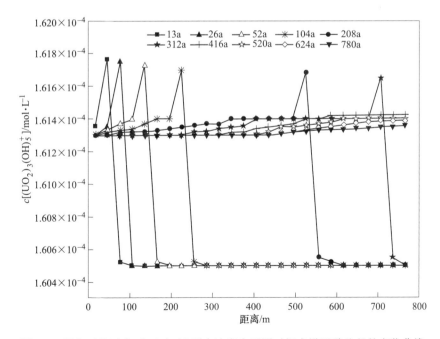

图 5-7　研究区 I 区内 $(UO_2)_3(OH)_5^+$ 浓度在不同时间点沿迁移途径的变化曲线

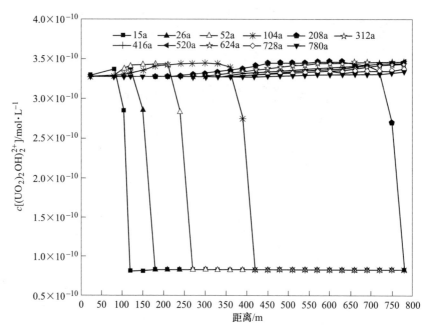

图 5-8　研究区 I 区内 $(UO_2)_2(OH)_2^{2+}$ 浓度在不同时间点沿迁移途径的变化曲线

由图 5-6~图 5-8 可以看出，UO_2OH^+、$(UO_2)_3(OH)_5^+$ 及 $(UO_2)_2(OH)_2^{2+}$ 在地下水中迁移过程中浓度变化有一定的不同，$(UO_2)_3(OH)_5^+$ 在水中的浓度要高于 UO_2OH^+ 和 $(UO_2)_2(OH)_2^{2+}$，并且各自迁移过程中的变化曲线也有差异。其浓度差异会使不同迁移距离、不同迁移时间过程中水中的总铀量受到影响。

5.4.2　铀在 II 区迁移模拟研究

由图 5-2 和图 5-3 可以了解到，以瞬时源方式进入地下水的铀在 728a 时迁移至 765m 处的峰值为 $1.353\mu mol/L$，与放射性铀废水排放最低要求基本接近，这时水中铀已处于一个相对安全的浓度，对人类环境造成影响较少，可以不再考虑继续向下游（即 II 区）计算其含量的变化。此时对处于 II 区的铀以连续源的方式来进行计算。如前面图 5-4 和图 5-5 所示，U 缓慢持续进入地下水中，经过 350a 迁移到 650m 处（即 I 区边界附近）时地下水中的铀浓度已经达到了初始值 $4.93 \times 10^{-4} mol/L$。因此，这时在 II 区边界上接受来自相当于 I 区下游连续流入的铀污染源。在 I 区的基础上对 II 区进行迁移模拟。其模拟结果如图 5-9 和图 5-10 所示。

由图 5-9 和图 5-10 可以看出，处于 II 区的地下水中铀浓度，不断地随着向下游的流动，时间逐渐增长而有所变大，并最终都和上游流入的铀浓度相同。例如，迁移时间到 6952a 时在 1995m 远处（即 II 区边界附近）地下水中的铀浓度

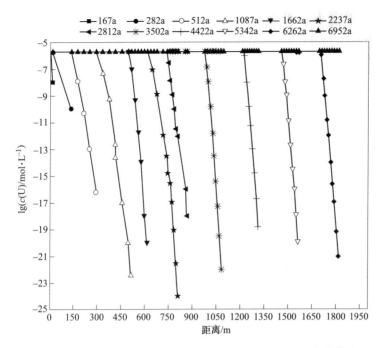

图 5-9 研究区 Ⅱ 区内 U 浓度在不同时间点沿迁移途径的变化曲线

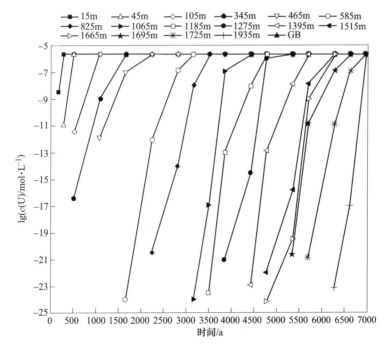

图 5-10 研究区 Ⅱ 区内 U 浓度在不同距离上随时间迁移的变化曲线

值为 2.07×10⁻⁶mol/L，而Ⅱ区本底值为 2.93×10⁻⁶mol/L，故无须再考虑其随地下水向前迁移过程污染其他地下水环境。研究区作为处置库的话，铀在如此长的时间内在地质处置场迁移的距离影响范围并不大。

5.5   研究区水中锶迁移模拟研究

5.5.1   锶在Ⅰ区迁移模拟研究

来自放射性核废物衰变产物的锶进入研究区水中缓慢而持续，因此，模拟计算时一般只需研究其以连续方式进入水中的行为。按前章可知污染源 Sr 的初始量取 56.17mg/L。模拟结果如图 5-11 和图 5-12 所示。

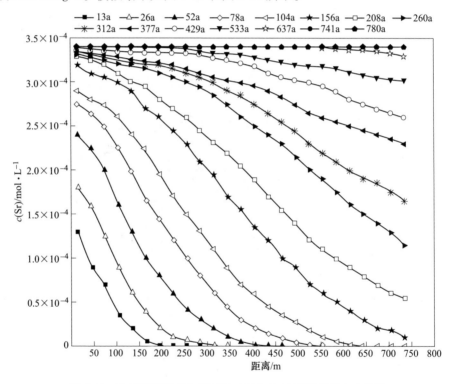

图 5-11   连续源情况下Ⅰ区不同时间点 Sr 浓度随距离变化曲线

对图 5-11 和图 5-12 的曲线进行分析可以知道：在锶向地下水中不断迁移的延续过程中，Sr 以连续源方式不断进入Ⅰ区地下水时，由于泄漏的 Sr 持续地补给流入，使水中 Sr 的含量不断增高，最终水中 Sr 的浓度和泄漏的 Sr 浓度达到均一，且一直会沿着地下水的流动方向向下游推移，这点从曲线的变化就可以反映出来。如图中 Sr 迁移到 765m 处（即Ⅰ区模拟边界附近），迁移时间到 780a 时的

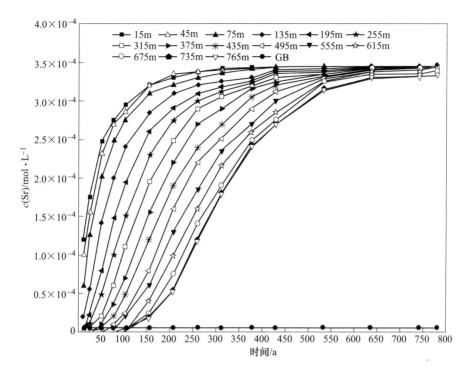

图 5-12　连续源情况下 I 区不同距离点 Sr 浓度随时间变化曲线

浓度达到污染物的初始浓度。同时，从图中还可以反映出 Sr 进入地下水后在运移到不同位置时进入水中 Sr 的浓度在什么时间开始超过允许排放标准。参照国家生活饮用水卫生标准（GB 5749—2022）和海水水质标准（GB 3097—1997）取放射性指标的上限，结合国际原子能机构（IAEA）（1999）建议的放射性废水分类及"三废治理与利用"编委会建议的这类放射性废水的最高浓度允许排放标准，选取锶的允许浓度（用 GB 符号来表示）为 0.05mg/L，也就是 5.7μmol/L。从图 5-12 中可以看出 Sr 迁移到 765m 附近，130a 左右时地下水中 Sr 污染物开始超过污染物的允许排放标准值（GB）。

　　和前面铀元素的变化曲线图一样，前面模拟得到泄漏入水中的 Sr 元素一般考虑水溶液中总的 Sr 含量，Sr 在地下水中有多种存在形态，每种在水中的分布数量和化学性质也有很大区别。为了更准确地了解各种存在形态的 Sr 在水中的时空变化情况，根据前章计算讨论可知，研究区内地下水中最主要的两种锶的存在形态为 Sr^{2+}、$SrSO_4^0$，据此模拟讨论以连续源方式存在的这几种形态在 I 区地下水中迁移变化情况，如图 5-13 和图 5-14 所示。

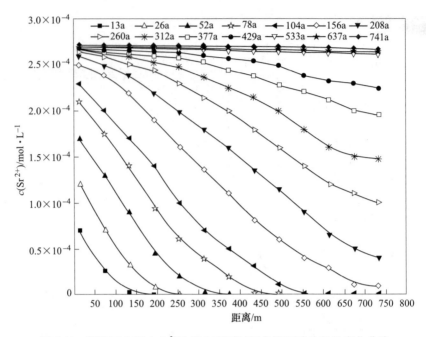

图 5-13 研究区 I 区内 Sr^{2+} 浓度在不同时间点沿迁移途径的变化曲线

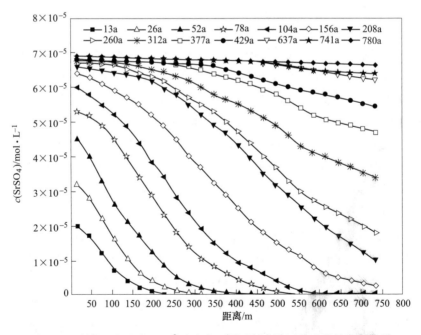

图 5-14 研究区 I 区内 $SrSO_4^0$ 浓度在不同时间点沿迁移途径的变化曲线

图 5-13 和图 5-14 反映锶元素的主要形态 Sr^{2+}、$SrSO_4^0$ 在连续输入方式情况下在Ⅰ区地下水中迁移变化情况。除各组分浓度有所不同,迁移距离、迁移时间也不同外,两图中曲线的形状变化与图 5-11 中反映出来的 Sr 总量曲线形状变化基本一致。Sr 元素迁移曲线和 U 元素迁移曲线有很大差别,这很可能和两种元素化学性质差别较大有关。U 元素比较活跃,在水中存在形态较多,而 Sr 元素化学性质比较稳定,在水中存在的形态也就相应比较简单,只有无机分子或离子形式,形态种类较少,因此在反应过程中就不容易出现多种形态相互影响核素迁移。

5.5.2 锶在Ⅱ区迁移模拟研究

根据图 5-11 和图 5-12 可知,锶作为污染物连续输入后,在 780a 的时候765m 处(即Ⅰ区边界附近)的锶浓度达到初始值 3.39×10^{-4} mol/L。这样,当锶从Ⅰ区边界进入Ⅱ区时,Ⅱ区接受流入的锶元素应该从 780a 后开始,可假设其为起始时间。此时,来自Ⅰ区边界的锶元素持续不断流入Ⅱ区,在Ⅱ区中发生核素迁移。其模拟迁移行为曲线如图 5-15 和图 5-16 所示。

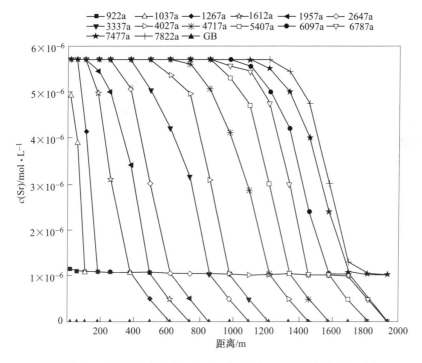

图 5-15　研究区Ⅱ区内 Sr 浓度在不同时间点沿迁移途径的变化曲线

如图 5-15 和图 5-16 所示,由于Ⅱ区中锶迁移过程中时间的延长,不考虑水

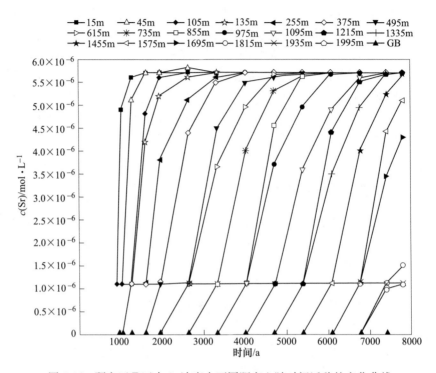

图 5-16　研究区 Ⅱ 区内 Sr 浓度在不同距离上随时间迁移的变化曲线

中原有锶存在而只考虑污染锶流入的情况，在一定范围内，随着锶元素不断补充，任一点处地下水中锶浓度会缓慢提高，最后会接近 Ⅱ 区开始的输入起始浓度。而经过较长时间、较长距离的迁移后，地下水中的锶浓度会趋向于恒定值。在 6952a 的时候 1995m 处（即 Ⅱ 区边界）的锶浓度已经达到了初始值，其值为 5.63×10^{-6} mol/L，接近国家饮用水卫生标准。利用模拟的结果可知，假设将研究区作为处置库的话，锶在如此长的时间内在地质处置场迁移的距离影响范围不大，如果再考虑处置库中工程屏障和回填材料对放射性核素的阻滞吸附，不会对下游地区地下水域造成不利的后果。

5.6　模拟计算影响因素分析

前面迁移模拟均是处于假定的参数条件下，这些参数条件对整个迁移计算起至关重要的作用，一旦条件有所变化时，其变化会影响计算预测结果的准确性。因此，其对迁移模拟的影响程度是我们非常关注的。下面针对几种主要影响因素如 pH 值、弥散度、扩散系数、温度等方面的变化来研究铀、锶元素在迁移过程中的变化。

5.6.1 pH 值对铀、锶迁移的影响

5.6.1.1 pH 值对铀迁移的影响

水中 pH 值的变化可能会影响水中铀的组分含量的变化和存在形态的改变，这样，也就会影响到水中核素的移动分布。因此，水中 pH 值的变化为比较重要的影响水中核素迁移因素之一。但其变化对水中铀的迁移影响程度到底有多大，对铀的哪一种形态影响比较大，在什么范围内变化时影响更大等这些问题都属于未知情况。因此，针对存在的问题，下面就讨论在研究区地下水中 pH 值变化的条件下，水中最主要的三种铀的存在形态 UO_2OH^+、$(UO_2)_3(OH)_5^+$ 及 $(UO_2)_2(OH)_2^{2+}$ 的浓度在 I 区边界处随时间的延续而受到的影响变化情况。其计算曲线如图 5-17 ~ 图 5-19 所示。

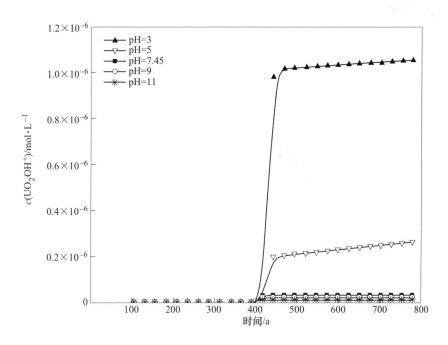

图 5-17　I 区 765m 处不同 pH 值情况下 UO_2OH^+ 浓度随时间变化曲线

由图 5-17 ~ 图 5-19 所示，以上为水中优势组分 UO_2OH^+、$(UO_2)_3(OH)_5^+$ 及 $(UO_2)_2(OH)_2^{2+}$ 在 I 区边界浓度随 pH 值变化所得的模拟预测曲线。pH 值分别为 3、5、7.45、9、11 几种情况下，优势组分 UO_2OH^+、$(UO_2)_3(OH)_5^+$ 及 $(UO_2)_2(OH)_2^{2+}$ 浓度在一定时间范围内随时间的变化非常明显。处于相同位置的不同优势组分浓度变化较大，受 pH 值变化影响非常明显。并且在相同位置时，pH 值分别为 3、5、9、11 时的铀浓度要大于 pH 值为 7.45 的铀浓度，且都在水

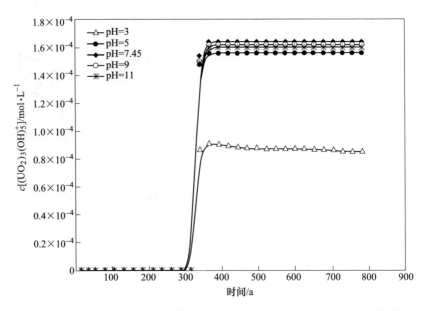

图 5-18 Ⅰ区 765m 处不同 pH 值情况下 $(UO_2)_3(OH)_5^+$ 浓度随时间变化曲线

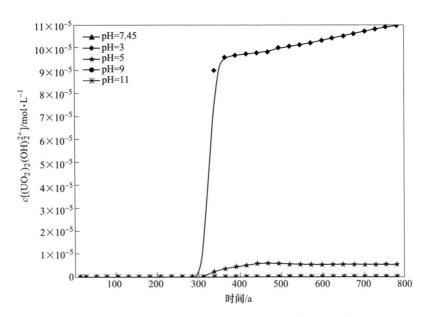

图 5-19 Ⅰ区 765m 处不同 pH 值情况下 $(UO_2)_2(OH)_2^{2+}$ 浓度随时间变化曲线

平距离上迁移越远，铀浓度越低。pH 值为 7.45 的地下水接近中性时其铀组分在地下水中的迁移距离比 pH 值分别为 3、5、9、11 的地下水为酸、碱性时更短。

5.6.1.2 pH值对锶迁移的影响

由于锶元素在地下水中的存在形式只有无机分子或离子，为了解 Sr 浓度随 pH 值变化的分布状况，本节选择Ⅰ区765m处分别取 pH 值为3、5、7.45和9进行模拟。模拟结果如图5-20所示。

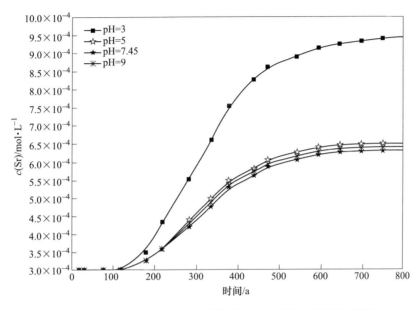

图 5-20 Ⅰ区 765m 处不同 pH 值情况下 Sr 浓度随时间变化曲线

由图5-20可以得知在同一时间点上，Sr 浓度随 pH 值的减小而增大，在 pH 值为3时的地下水中的锶浓度要高于其他 pH 值条件下地下水中 Sr 浓度值，说明 Sr 元素在酸性条件下的迁移速度要大于中性和碱性条件。

5.6.2 弥散度、扩散系数对铀、锶迁移的影响

5.6.2.1 弥散度、扩散系数对铀迁移的影响

弥散度和扩散系数为模型建立求解和水文地球化学模式软件计算时要输入的主要参数之一，弥散度和扩散系数均为表征水中铀在岩石迁移和扩散能力的大小，故参数大小的改变会影响铀元素在地下水中的迁移行为。假定在采用水文地球化学模式软件计算时，其他条件不发生变化，仅考虑改变这两个参数的大小，模拟计算其对地下水中铀元素浓度的影响程度改变。其变化如图5-21和图5-22所示。

如图5-21所示，纵向弥散度参数数值比较小如在0.78m、7.8m时，对所计算出来的铀迁移变化影响不大。但随着参数值增大到78m时，对曲线的形状变化有较大的影响，曲线偏移离开另外两条曲线较多，由此可知在靠近泄漏放射性核

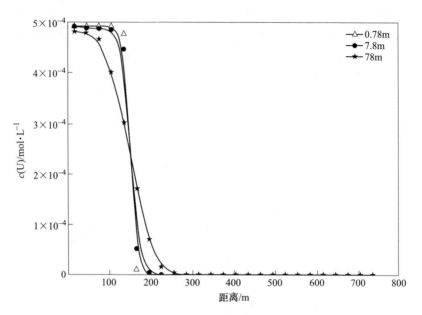

图 5-21 不同纵向弥散度下铀浓度随距离变化曲线

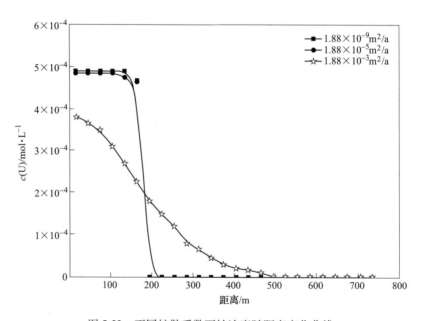

图 5-22 不同扩散系数下铀浓度随距离变化曲线

素的一定范围内的地下水中由于纵向弥散度变大而铀浓度有所减少。超过一定范围离泄漏源比较远时纵向弥散度变大则水中铀浓度逐渐增高。这和弥散作用的性质有较大的关系。水中弥散作用一般认为是水中质点在水平方向趋势上的运动激烈程度，它会随水流速度变化而变化，水中质点运动越激烈，则铀元素在水中运移的距离越长，此时纵向弥散度也就越大。

扩散系数表示铀在花岗岩岩石裂隙地下水中扩散能力的强弱，微观上也就是水中各种分子浓度差扩散运动的激烈程度。从图5-22可看出，铀浓度迁移曲线形状与图5-21的曲线比较类似。在扩散系数为 $1.88×10^{-9}\,m^2/a$ 和 $1.88×10^{-5}\,m^2/a$ 时对铀浓度迁移的影响不大，曲线形状变化不明显。而当其变为 $1.88×10^{-3}\,m^2/a$ 时曲线开始变为平缓，影响较为明显，此时铀明显受扩散系数的变大而扩散迁移到更远距离。因此可以看出，核素在水中发生的弥散与扩散作用为比较重要的影响核素迁移因素之一。

5.6.2.2 弥散度、扩散系数对锶迁移的影响

图5-23和图5-24是Ⅰ区65a时不同弥散度和扩散系数对Sr迁移的影响的模拟结果图，得出在和铀迁移相同条件下锶在研究区地下水中发生迁移过程中受弥散度和扩散系数参数变化时的影响曲线。

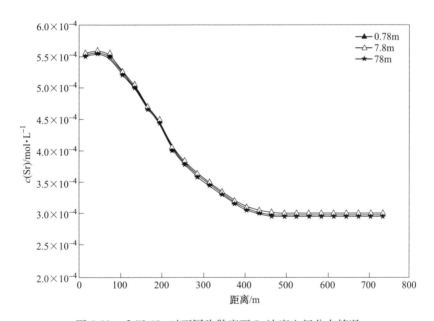

图 5-23 Ⅰ区 65a 时不同弥散度下 Sr 浓度空间分布情况

从图5-23和图5-24可以看出，弥散度的不同对Sr迁移浓度的影响不大；而扩散系数的不同对Sr的迁移浓度存在一定影响。当扩散系数分别为 $1.88×10^{-9}\,m^2/a$ 和 $1.88×10^{-5}\,m^2/a$ 时，Sr浓度随距离变化分布曲线变化不是很明显。当扩散系数达到 $1.88×10^{-3}\,m^2/a$ 数量级时，浓度曲线变得平滑，表明Sr迁移到了更远的地方。

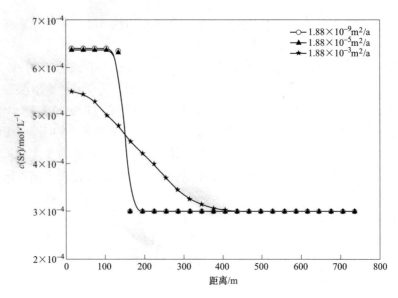

图 5-24   Ⅰ区 65a 时不同扩散系数下 Sr 浓度空间分布情况

5.6.3 温度对铀、锶迁移的影响

为了解温度对 U、Sr 迁移的影响,本书在其他条件不改变的情况下选择Ⅰ区 65a 时,改变温度来进行模拟。

图 5-25 和图 5-26 是Ⅰ区 65a 时不同温度下 U、Sr 随距离的变化情况。从图

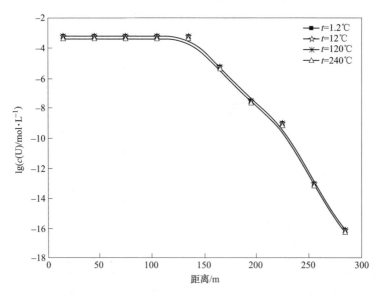

图 5-25   Ⅰ区 65a 时不同温度下 U 浓度空间分布情况

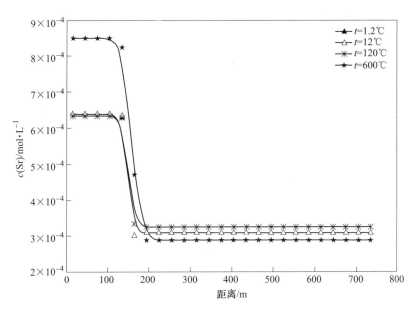

图 5-26　Ⅰ区 65a 时不同温度下 Sr 浓度空间分布情况

中可以看出，U 在不同温度下随距离延长没有变化；Sr 元素迁移浓度在 0～120℃ 范围间随距离的延长变化不大，在温度达到 600℃ 时，Sr 元素迁移浓度在 0～ 135m 之间迁移的浓度比温度在 0～120℃ 要高；在 195m 之后，其迁移浓度略低于 0～120℃ 范围间的迁移浓度。

5.6.4　其他因素对铀、锶迁移的影响

铀、锶核素随时都在发生放射性衰变，衰变过程中会产生或转变成其他放射性核素，它们进入地下水后有可能会影响到水中母体元素的迁移。本书中长寿命的高放废物经过放射性衰变会产生新的放射性子体核素，其迁移特性也会随之发生变化。这些核素普遍为长寿命元素，其半衰期很长，与之比较，其衰变子体可以不予考虑。故在研究中没有考虑。

裂隙宽度是影响污染物迁移的一个因素。由于研究区内的地下水在裂隙中流动，流速的大小和裂隙宽度有关，而由于软件局限，在模拟的过程中仅考虑裂隙的平均值，没有充分考虑裂隙宽度的作用，因此建议在以后的研究中可补充考虑该因素的影响，使得模拟的效果更加完善。

除此之外，核素进入水中后因为浓度变低（稀释作用）也会影响铀、锶元素在地下水中的迁移行为。随着迁移时间的延长，铀、锶在水中的迁移浓度会出现峰值推进，迁移时间越长，离污染源越远，则峰值越大，核素扩散影响区域也就越广，这个规律与水中核素是否发生稀释作用关系不大。而且书中一直只考虑

核素在一维水平流动情况下进行模拟计算，没有研究纵向迁移对其产生的影响，因此稀释作用对书中模拟计算的影响也就暂时忽略不去研究。

5.7 小 结

（1）对研究区的水文地质状况和 PHREEQC 的原理进行了分析，并描述了 U、Sr 元素在研究区地下水中迁移的模型。同时根据研究区地层的岩性和渗透系数的不同进行了模拟分区。

（2）利用 PHREEQC-II 软件所具有的一维溶质输运耦合模拟的功能，模拟得到 U 和 Sr 元素进入研究区含水层后的浓度随时空分布的情况。同一距离处 U、Sr 元素的浓度随着时间的迁移不断升高，直至达到初始浓度。

（3）运用 PHREEQC-II 模拟软件对模拟区进行核素一维溶质运移模拟的计算，分别模拟了污染物 U、Sr 元素连续源情况下和作为瞬时源进入地下水后浓度随时空的分布。模拟结果表明，瞬时源进入地下水后，随着迁移距离的延续，污染物 U 在不同时间点上形成了浓度峰值，且峰值越来越小；728a 后，污染物 U 含量已迁移到极限距离，无法对下游更远地区造成污染。连续源情况下，同一距离处 U、Sr 元素浓度随着时间的迁移不断升高，直至达到初始浓度；在 6952a 的时候 1995m 处 U 浓度达到 2.07×10^{-6} mol/L、Sr 浓度 5.63×10^{-6} mol/L，均接近国家饮用水卫生标准。

（4）对 U、Sr 在研究区地下水中迁移的 pH 值、弥散度、扩散系数和温度等影响因素进行了模拟分析，结果表明，pH 值、弥散度、扩散系数和温度都对 U、Sr 元素在地下水中迁移有一定的影响。U 在近中性条件下的迁移距离要小于酸性和碱性条件。随着弥散度和扩散系数的增大，U 能迁移得更远。弥散度的不同对 Sr 迁移浓度的影响不大；而扩散系数的不同对 Sr 的迁移浓度存在一定影响；U、Sr 元素的迁移浓度在温度 0~120℃ 之间随距离延长变化不大。

（5）采用 PHREEQC-II 对我国甘肃北山高放废物处置预选区为研究对象进行一维对流-弥散溶质运移模拟，结果表明 PHREEQC-II 对于描述放射性元素在地下水中的运移及进一步进行地下水污染控制和治理是有帮助的。

6 铀在花岗岩中吸附影响因素实验

6.1 概　述

在高放废物地质处置的安全评价研究中，目前大多集中在工程屏障和天然屏障中核素释放和迁移特性方面。因此，核素迁移的研究是高放废物地质处置的重要组成部分。对处置库中放射性核素的迁移行为和迁移规律进行研究是核废物处置中备受关注的问题。

最早的与核废物处置有关的核素迁移研究工作是 1958 年 C. W. Christensen 等对洛斯阿拉莫斯放射性废物的吸着实验研究。1962 年，在法国 Saclav 召开了"放射性离子迁移和吸留"国际会议，汇集了 28 篇论文，主要内容是研究核素在土壤中的迁移。后来在每次放射性废物处置的国际会议上，核素迁移只作为专题之一进行讨论。在 20 世纪 70 年代中期以前，核素迁移研究对象大部分是低中放废物。从 20 世纪 70 年代后期开始，核素迁移研究的重点转向了高放射性废物处置。高放射性废物处置中所碰到的问题比低中放更复杂。20 世纪 80 年代后期，1987 年由 J. L. Kim（German）和 G. R. Choppin（USA）发起召开了第一届迁移大会，这就是 MIGRATION'87。之后每两年分别在北美洲和欧洲轮流举行。每次会后按放射性与非放射性之分由国际上著名的 Radiochimica Acta 和 Journal of Contaminant Hvdrology 以特辑的形式将会议论文刊出。近几十年来，美国、加拿大、瑞典、苏联、法国、比利时、日本、埃及等国家的科学家进行了大量的实验工作。经济合作与发展组织的原子能机构（OECP/NEA）与太平洋西北实验室（PNL）合作，收集有关分配系数 K_d 数据，建立了国际吸附情报检索系统（ISIRS）。世界各国在此领域的研究已取得很大进展，每年都有许多研究成果发表。

在核素迁移研究中，受人关注的放射性核素，包括锕系元素、裂变产物和少量中子活化产物的一些核素。核素在地质介质中的迁移过程是十分复杂的。在处置库中被浸出的核素随地下水流动与周围土壤和岩石接触，发生复杂的环境地球物理化学反应，如吸附-解吸、水解、聚合、氧化还原、沉淀、矿化、过滤、对流输送和分子扩散等物化反应。从而减缓了核素向生物圈迁移的速度。为了便于对复杂的迁移过程进行研究，不得不做一些假设和简化，在一系列的假设中都基于下面两点：

（1）岩石对核素的吸附是可逆的，核素在地下水中与岩石颗粒表面之间以瞬时反应达到平衡；

（2）假定岩石对核素的吸附服从于理想色层吸附基本理论，故而认为岩石是均匀介质（孔隙率是一个常数），地下水通过岩石的孔隙做水平运动，且流速不变。

按核素迁移的实验室研究不仅能有效地预测核素的迁移速度，而且可以探讨核素在地质介质中的迁移机制。目前广泛采用的研究方法是静态（static or barch）和动态（dynamic or column）两种方法。静态吸附试验可测定分配系数，进行各种影响因素的研究。动态渗滤试验可测定弥散系数和延迟系数，也可进行环境因素的影响研究以及核素迁移的分布研究。由于动态渗滤试验实验周期较长，本书中仅涉及了静态吸附试验。在核素迁移研究工作中，实验室研究占有重要地位，常常依据实验室数据，建立迁移模式预测各种核素在不同介质中的迁移速度，筛选处置场址，进行安全评价和环境影响分析。

第4章和第5章主要模拟铀、锶元素在高放废物预选处置场中基岩裂隙地下水中的迁移情况、水中的存在形式及影响因素，在模拟铀在基岩裂隙水中的迁移过程中，考虑到阻滞铀在水中迁移的原因主要来自花岗岩岩石对铀的吸附和反应。这种水-岩反应非常复杂，涉及物理、物理化学、化学、生物等一系列不同的反应过程。核素被吸附阻滞在岩石中只是各种复杂反应综合表现出来的结果。因此，把它们完全用水化模型表示并进行准确计算是不可能实现的，一般只能用概化后的模型和近似的参数来进行计算。此时，如何获得比较准确的参数对模型计算结果的准确性就起至关重要的作用。而对迁移模型参数取值非常困难，则可通过实验方法来确定主要参数的取值大小。

因此，本章考虑采用实验方法分析讨论不同因素对铀在处置场岩石地下水中吸附阻滞性能的影响，为前面核素迁移模型的预测提供依据。其目的在于：

（1）为核素迁移模式提供参数；

（2）进行核素吸附和迁移的影响因素的研究。

铀在水中的迁移参数测试是一项难度比较大的研究工作。放射性标准铀溶液比较难取得，测量铀溶液浓度的仪器比较昂贵，实验中水溶液样品一般在现场抽取测定，而且在这方面我国的研究工作起步较晚，资料相对较少。本书以甘肃北山花岗岩为实验介质，开展放射性核素迁移实验，研究地下水中核素迁移的反应机理和迁移规律。本书主要介绍利用批式法研究核素铀在花岗岩裂隙中的扩散和吸附阻滞特性，着重研究铀在研究区岩石中被阻滞吸附性能情况和吸附过程中受到哪些因素影响的问题。

6.2 核素迁移的反应原理

核素迁移是高放废物处置安全性研究的核心问题。核素迁移研究包括介质对核素的吸着作用和水力传输作用引起的核素迁移行为研究。核素迁移是吸着过程和水力传输过程两种作用结合的结果。核素在水中的迁移是以离子、络离子、分子、胶体等状态，随着水的流动而迁移的。当含有核素的水流过岩石（或土壤）时，则发生复杂的物理化学反应，产生吸附、沉淀等过程。因此，核素的迁移受到阻滞，使其迁移速度远远小于水流速度。不同核素在土壤-地下水体系中的反应机理不同，核素迁移强度有很大差异。大致可以分为极易迁移的核素（如^3H）、迁移较快的核素（如^{129}I、^{99}Tc等）、迁移较慢的核素（如^{85}Sr、^{237}Np等）、迁移极慢的核素（如^{137}Cs、^{239}Pu等）4个等级。为了说明为何会产生如此大的差别，研究迁移机理便成为核素迁移研究的中心内容。由于核素与土壤-地下水体系的相互作用十分复杂，其作用机理也不止一种。因此，在不同的介质-核素体系中，吸附反应可能以不同的机理进行，也可能同时以几种机理进行。一般认为核素迁移反应机理包括：离子交换吸附、电性吸附、分子吸附、过滤、沉淀、表面络合和矿化等。为了更好地说明作用的原理，下面对各种作用分别予以简要介绍。

6.2.1 离子交换吸附

离子交换吸附被认为是最常见、最主要的机理。土壤颗粒表面的负电荷可以静电引力吸持阳离子而维持电中性。在水相中呈阳离子态的核素可与这些被吸持的阳离子发生交换而被吸附。在水相中的共存离子也要对吸附点进行竞争。离子交换反应速度快，在大多数情况下是不可逆的。离子交换吸附的能力，不受酸碱条件的影响。但是，与离子的电价和离子半径有关。在一般情况下，离子交换吸附能力的大小与离子的电价和电负性成正比。在同价离子中与离子半径成反比。

6.2.2 表面配合

在环境水中有多种无机和有机配位体，且水体不同，其所含配位体的种类及含量也不同。如地下水中的主要配位体是HCO_3^-，而海水中主要是Cl^-。这些无机配位体可与放射性核素形成无机络合物。通常河水中的腐殖质含量为 0.1～0.5mg/L，它是环境水中最主要的天然螯合物，可与金属离子形成络合物。金属离子的水解，实质上是与 OH⁻ 配位体生成络合物的过程。除了碱金属和碱土金属外，大多数放射性核素在接近中性时均易水解，生成难溶的水合物或胶体。

有机配位体和无机配位体不仅有与核素的络合能力，而且它们相互之间也会发生络合竞争，从而影响核素的迁移行为。

6.2.3 分子吸附

分子吸附是分子态的溶质与固相介质表面活性吸附点之间的范德华力作用的结果。分子吸附系物理吸附，吸附速率快，且为不可逆吸附。

6.2.4 机械过滤

机械过滤是土壤介质的一种特性。土壤组分中有各种矿物成分，每一种矿物（如石英、高岭石、斜长石等）都有独特的晶体结构，由不同结构的结构单元连接而成。在矿物晶格中的不同结构单元之间，存在大小不同的空隙，这些空隙只允许地下水溶液中一定大小的分子或离子通过（亦称通道），而将大于空隙直径的分子或离子排除在外，从而起到阻滞核素继续迁移的作用。影响机械过滤的因素很多，要想精确表示过滤过程是非常困难的。通常都是利用质量守恒和流体连续性描述固体物质的总的过滤过程。

6.2.5 沉淀

除碱金属外，其他金属的氢氧化物溶解度均比较小，易沉淀。核素在以不同氧化态存在时，发生水解的趋势有较大差别，所以水解开始的 pH 值也相差较大。水解生成的氢氧化物胶体，经过凝聚长大产生沉淀，使溶液核素浓度降低，导致其分配系数 K_d 增大。

6.2.6 矿化

矿化是核素通过化学键力，进入固相介质的晶格结构之中生成固溶体。矿化作用过程进行缓慢，大都不可逆，是有利于滞留核素迁移的机制。矿化最重要的特点是具有高度选择性。

6.3 核素迁移的影响因素

核素迁移的实验室研究已经在不同环境条件下，完成了对多种核素吸附行为的研究。对高放废物处置而言，主要是 ^{129}I、^{90}Sr、^{134}Cs、^{237}Np 和 ^{239}Pu 等核素。在核素迁移的研究中，备受关注的是影响核素迁移的诸多因素的研究。这些因素包括：固相介质成分、粒度组成；液相化学成分、离子强度、阳离子交换容量、酸度和氧化还原电位；核素性质及其溶液浓度；液相与固相之比以及有机质和胶体等。

6.3.1 介质成分及粒度的影响

坚硬岩石在应力作用下会产生各种裂隙，裂隙是岩石受力后断开并沿断裂面无显著位移的断裂构造。它包括岩石节理在内，常将其与节理看成同义词。按其成因分为原生和次生裂隙两类。前者是在成岩过程中形成，后者则是岩石成岩后遭受外力所成。按力的来源又分为非构造和构造两类裂隙。前者由外力地质作用而成，如风化、滑坡、坍塌等裂隙，它们常局限于地表，规模不大且分布不规则。后者则由构造作用形成，分布极广而有规律，延伸较长且深，可切穿不同岩层。裂隙按成因可分为风化裂隙、成岩裂隙、构造裂隙。与之对应所含的裂隙水可以分为成岩裂隙水、风化裂隙水、构造裂隙水。成岩裂隙水主要赋存于成岩裂隙中。成岩裂隙的发育程度好，大多张开，密集均匀，连通良好，常构成贮水丰富、导水通畅的层状裂隙含水系统；岩脉及侵入岩接触带张开裂隙发育，常形成带状裂隙含水系统；风化裂隙水主要赋存于风化裂隙中，大多分布于浅部地层；构造裂隙水主要赋存于构造裂隙中，为主要研究对象。

赋存在裂隙率较低的基岩上的裂隙空间有限，分布极不均匀，展布具有明显的方向性。常形成局部范围内的若干带状或脉状裂隙含水系统，其内部具有统一的水力联系，有自己的补给范围、排泄点及动态特征；其水量的大小取决于自身规模的大小（不同方向上的延展长度-各向异性）。

裂隙基岩组成一个固、液、气三相物质共存的体系，它具有各种类型的多界面和大小不同的裂隙，裂隙中的空气和水混溶着各种组分，水流被限制在裂隙网络中运动。岩石中的次生矿物分散成胶体颗粒并带有电荷。岩石表面所带电荷可以进行电性吸附。而岩层断层中的后生高岭土和蒙脱土等黏土矿物又都是无机交换剂，可与溶液中的核素离子进行变换。因此，当深部裂隙水流动比较缓慢时，这种岩石组分微粒载带核素的迁移是不可忽视的。吸附和离子交换成为岩石成分影响核素迁移的物理化学过程之一。同时，水的溶解作用对于核素在地下水中的迁移起着决定性作用，在正常条件下，原生放射性核素只有在矿物上的结晶构架遭受破坏时,才能进入水体并开始迁移。以吸附态存在于岩石或土壤表面的核素,以及因核素衰变产生的子体并不进入矿物的结晶构架而是逐渐积累在结晶构架的空隙中。它们与固相之间的维系比较脆弱,因而会基于扩散或水的溶解过程而进入水体并产生迁移。

与地表水相比,地下水在流动过程中会遇到多种具有不同组成和理化性质的地质介质,而且在大多数情况下有足够的接触时间使得在固液相之间达到各种反应的平衡,同时引起更加明显的水质变化。

6.3.2　地下水成分及 pH 值、E_h 的影响

在核素与土壤-地下水体系中,放射性核素的分配系数随地下水的含盐量增加而降低。因为在富含盐量的水中有较多的荷电粒子,这些荷电粒子在吸附与离子变换过程中与核素进行竞争,所以分配系数减小。因此,地下水成分直接影响核素的吸附率。

地下水的化学组成主要取决于它的形成过程和它所流经的地质介质。作为放射性废物处置场中的工程屏障材料,如水泥固化体及包装容器材料的钢材、混凝土等也会引起地下水化学成分的变化。地下水的某些成分及性质的变化,都能引起核素化学形态的转化,并且常常是多种因素起作用。

由于地下水在运动过程中是完全在介质中流动,与地质介质之间具有极大的接触表面和接触时间,介质的酸碱特性、离子交换特性以及化学反应特性,对于地下水中的核素形态、迁移特性等均具有很大的影响。地下水的 pH 值范围大致在 5~8.5 的范围之内,在特殊条件下则可能远远超出这个范围。如硫化矿床的氧化带或火山区可能低到 1~3;而干旱地区的盐碱度则可能高达 11。因此,核素在其间的化学状态也就与地下水的 pH 值有密切关系。在中性或偏碱性的地下水中,除碱金属和碱土金属以外的金属核素离子均会产生水解而发生碱式盐或氢氧化物沉淀。对于多价态的同种金属 M 核素离子,其水解能力的顺序为:

$$M^{2+} > MO_2^{2+} > M^{3+} > MO_2^+$$

而对于高序数的锕系元素,在各种价态下,其水解能力则随序数的上升而逐渐加强。

$$Am^{3+} > Pu^{3+} > Np^{3+} > U^{3+}$$

$$Pu^{4+} > Np^{4+} > U^{4+} > Th^{4+}$$

地下水中除碱金属外,其他金属的氢氧化物溶解度均比较小,因为处置场中有水泥、混凝土材料,地下水的 pH 值就会升高(pH = 11~13),在高 pH 值条件下有些核素要发生水解而生成胶体和其他难以吸附的产物。在这种情况下,核素在岩石和地下水间的分配系数将会明显降低。

地下水的氧化还原电位 E_h 值主要取决于溶解氧的浓度。通常环境水中有足

够量的氧，其 E_h 在 200mV 以上，最高可达 700mV，具有较强的氧化能力，可使水中的某些低价核素氧化为高价。当水体中游离氧减少，有机物质增加时，则 E_h 会降低，形成还原环境。当 $E_h < 200$mV 时，某些高价核素会被还原为低价。因核素价态发生变化，而间接影响其迁移行为。

随着地下水深度的增加，其中的含氧量逐渐降低。因此其对于核素的氧化能力与地表水有较大的差别，对于仅具有一种价态的核素则基本上没有影响。

6.3.3 核素性质及浓度的影响

放射性核素种类不同、性质各异，在岩土中的吸附行为也不同。因为在岩土吸附中，带负电胶体的吸附能力会随阳离子电荷数的增加而增加；离子交换吸附能力则取决于离子的电荷数和水化离子半径。不同核素有着不同的阳离子电荷数及水化离子半径，因此，核素性质影响其迁移行为。

放射性核素的存在形态不同，岩土对它们的吸附作用也不同。通常，溶解态的阳离子易被土壤吸附，电荷数越高者越易被吸附，因而这些核素在岩土中不易迁移；呈难溶态的氧化物或水合物则不易被岩土吸附，而能强力吸附核素的微粒（假胶体），可随地下水的流动在岩石微小裂隙中迁移。

放射性污染物溶液浓度对 K_d 的影响可以通过吸附等温线了解。通常，分配系数 K_d 值随放射性核素浓度的增加而减少。这是由于吸附点上同类核素之间竞争吸附的结果。但也有相反的情况，在特定条件下，pH>8 时，可能形成不溶性氢氧化物，由于沉淀的原因降低了溶液的浓度，因此，所得分配系数 K_d 值不是减少而是增加。

6.3.4 液固比的影响

影响分配系数 K_d 值的主要因素之一是液固比。

在静态法实验中，研究液固比对核素迁移的影响时，通常选用的液固比范围为 5：1~40：1。也有小到 2：1 的，但因为液固分离困难，其结果误差甚大。大多数情况下，分配系数 K_d 值随液固比的增大而增大。

在实际地质环境中，真实的液固比都非常小。而实验室的静态实验，为了液固分离容易进行（采用离心法或过滤法），选用了比实际情况大的液固比进行研究，所得 K_d 值自然比实际 K_d 值要大。这一点，在放射性废物处置安全评价中，选用 K_d 值时应当注意到。选用液固比较小的实验结果，在预测核素迁移距离的计算中，可能得到近乎现场试验的结果。

6.3.5 有机质、胶体的影响

自然界环境水中存在多种有机物，它们可来自陆地（如土壤中的腐殖质），也可来自水中的生物。有机物对水体的氧化还原反应起着重要作用，可使放射性核素的存在形态发生变化，影响其迁移行为。腐殖酸包括胡敏酸（HA）和富里酸（FA）广泛存在于土壤和地下水中。一般估计在地下水中腐殖酸占水中溶解有机物（DOC）或总有机碳素（TOC）的 30%~50%。腐殖酸对核素迁移的影响主要表现在以下两方面：

（1）有机胶体的交换吸附作用；

（2）腐殖酸对核素的络合作用。

此外，还有絮凝和胶溶作用以及物理吸附作用。有机络合作用可使被吸附在固相介质中的核素转化成可溶性的络离子，随地下水迁移。这就使得在一定条件下，会使微量放射性核素的相态发生变化，既有可能从液相转入固相，也可能从固相转入液相。这种化学反应所导致的相变虽然与物理性的吸附与解吸相似，但其本质是完全不同的。土壤的 pH 值对于微生物的生存和生长、腐殖质的化学行为有一定影响，从而间接影响了土壤的吸附能力。

地下水中存在的胶体问题近几年逐渐引人注目。大部分胶体均带负电荷，只有少数的胶体在酸性条件下带正电荷。在地下水中微量的放射性核素能形成胶体或吸附在胶体的表面上。这些颗粒极微（直径为 1~1000nm）的胶体，能脱离了固相介质而随地下水自由地迁移。这对延迟核素迁移是一个很不利的因素。胶体分两类：一类称为真胶体，这是核素的阳离子经水解产生的氢氧化物或生成多核金属离子固态络合物；另一类称为假胶体，是核素被吸附在土壤胶粒、有机物质或微生物的微粒表面上而形成的胶体。

在核素迁移研究中，绝大多数核素在地下水中以溶解态存在，还有少量以胶体形态存在，由于地下水流动速度很慢以及岩土自身的过滤作用，通常无须考虑地下水中的悬浮颗粒。不过当某些放射性核素在地下水中形成胶体微粒时，就会穿过岩土空隙而随地下水迁移。反之，如果胶体在地质介质中被破坏，则又会沉积下来。此时地下水中的放射性比度会由于放射性微粒被截留而明显下降。核素胶体粒子（包括真、假胶体）的迁移机理与核素的溶解态完全不同，胶体粒子的迁移能力远远大于溶解态。放射性核素在地下水中与各种配位体发生络合反应的状态与化学行为规律非常复杂，此处仅讨论地下水中分子、离子状态下的核素迁移与转化问题。

6.4　核素在花岗岩介质上的吸附

地下水介质是复杂的岩土物质，其中有大量的吸附剂，由此导致地下水中溶质，尤其是核素与岩土发生吸附作用。核素在岩土介质上的吸附是复杂的物化反应过程。它不仅与核素形态和固相介质的物性有关，而且也受到地下水成分作用的影响。这是因为地下水的成分、pH 值、E_h（溶解氧含量）可能引起核素存在形态的转化，从而改变了核素的吸附行为。

核素与地质介质相互作用的复杂性表现在以下三个方面：一是相互作用的机制不止一种，有离子交换、表面配合、矿化和物理吸附等；二是地质介质都是多种矿物成分的混合体或集合体，不同矿物有不同的吸附性能；三是核素的形态也不止一种，这就更增加了相互作用的复杂性。因此，核素在地质介质上的吸附过程，实际上可能包含许多平行的，可能相互竞争的反应。这些反应的结果决定了核素在两相间的分配。分配系数 K_d 就是核素（溶质）与地质介质（吸附相）相互作用结果的重要表征。

地下水中核素的形态有溶解态和微粒态两类，在绝大多数情况下溶解态是主要的。呈溶解态的核素与固体介质的相互作用，即吸附过程，是核素迁移研究的中心课题。

核素在饱水均匀地质介质中的迁移过程，用数学表达式来描述时，通常可用多维二阶偏微分方程来表示，为了做出简化说明，核素在介质中的迁移方程以一维多孔介质传输方程表示：

$$\frac{\partial c}{\partial t} + \frac{\rho}{\theta}\frac{\partial Q}{\partial t} = \nabla \cdot (D \cdot \nabla c) - \nabla \cdot (vc) - \lambda\left(c + \frac{\rho}{\theta}Q\right) \tag{6-1}$$

式中　　c——地下水中放射性核素浓度，Bq/mL；

　　　　t——时间，s；

　　　　ρ——介质堆积密度，g/mL；

　　　　θ——介质有效孔隙率；

　　　　v——地下水流速，cm/s；

　　　　D——弥散系数，cm^2/s；

　　　　Q——吸附在介质上的核素浓度；

　　　　λ——衰变常数，s^{-1}。

式（6-1）是体积元中核素的收支平衡式。公式代表了地下水中放射性核素的水平弥散作用、对流传输作用、吸附阻滞作用和核素衰变作用。如果去掉右侧的衰变项，就是色谱理论的基本公式。为了求解此式，需要知道 c 与 Q 的关系。研究吸附的目的，就是为了给出 c 与 Q 间量的关系。为了表示这种关系，最早使用并且至今仍在广泛使用的方法就是利用恒定分配系数模式（又称 K_d 模式）。这种模式是从一般污染物迁移研究中引入核素迁移领域来的。

分配系数 K_d 也称吸附比（分配比），它表示的是，某种核素由于吸附的结果在固液相间的"平衡"分配，是个常数。它的定义是：

$$K_d(\text{mL/g}) = \frac{\text{吸附在固相上的核素浓度}(\text{Bq/g})}{\text{液相中的核素浓度}(\text{Bq/mL})} \tag{6-2}$$

将 K_d 模式应用于迁移方程，意味着式（6-1）表示的关系随时随地都是存在的。这就必须假定：

（1）吸附过程是可逆的，即吸附与解吸试验得到的分配系数相同，或吸附解吸等温线相同；

（2）吸附平衡可即时建立；

（3）分配系数与水中核素浓度无关，即吸附等温线为直线；

（4）分配系数不受地下水成分的影响。

但实际上上述这些假定很少能严格得到满足。

将式（6-2）代入式（6-1），即可改写为：

$$\left(1 + \frac{\rho}{\theta}K_d\right)\frac{\partial c}{\partial t} = \nabla \cdot (D \cdot \nabla c) - \nabla \cdot (vc) - \left(1 + \frac{\rho}{\theta}K_d\right)\lambda c \tag{6-3}$$

如果暂时忽略衰变项，根据经验 Freundich 方程：

$$S = K_d c^N \tag{6-4}$$

式中　S——每克固相上吸附核素的量；

　　　c——每升液相中核素的量；

　K_d，N——常数。

当 $N=1$ 时，吸附等温线为线性，对于非吸附性核素，$K_d = 0$，式（6-3）成为以下形式：

$$\frac{\partial c}{\partial t} = \nabla \cdot (D \cdot \nabla c) - \nabla \cdot (vc) \tag{6-5}$$

设

$$T = t \left/ \left(1 + \frac{\rho}{\varepsilon}K_d\right)\right. \tag{6-6}$$

进行变数变换，式（6-3）成为：

$$\frac{\partial c}{\partial T} = \nabla \cdot (D \cdot \nabla c) - \nabla \cdot (vc) \tag{6-7}$$

式（6-5）与式（6-7）形式相同。这表示在空间某一点吸附核素浓度随时间的变化比非吸附性核素滞后一个等于 $\left(1 + \frac{\rho}{\theta}K_d\right)$ 的因数，也就是说非吸附性核素的移动速度，即地下水流速，是吸附性核素移动速度的 $\left(1 + \frac{\rho}{\theta}K_d\right)$ 倍。由此，定义见第 3 章：

$$R_d = 1 + \frac{\rho}{\theta}K_d$$

式中　R_d——迟滞系数，它等于地下水流速与核素迁移速度之比。

一般可通过实验室的实验，得出上述各个参数。

6.5 实验方法与技术路线研究

6.5.1 实验方法分析

核素在岩石中的吸附是复杂的物化反应过程。它和核素的基本形态和岩石介质的物理化学和力学性质有关，也与水中水化学成分有很大的关系。因此，核素发生在岩石介质中的吸附作用，主要有许多可能发生的平行的、相互竞争的物理化学反应。正是这些反应造成了核素分配进入地下水和岩石中的比例不同。此时，核素在水岩中的所有分配过程被看作是吸附，一般采用分配系数来表征核素（溶质）和岩石介质（吸附相）的反应结果。

分配系数 K_d 为表征岩石吸附铀的一个参数，代表吸附平衡时被矿物吸附铀含量与平衡时溶液总铀含量的比值。分配系数反映了溶质在两相中的迁移能力及分离效能，是重要参数。而前面章节模型计算中用来描述物质在两相中行为的重要物理化学特征参数 K_d 值将吸附结果值相对于溶体体积与固体质量进行标准化，可以解释在吸附实验过程中铀活度的变化。分配系数 K_d 值可对在不同 pH 值条件下铀的不同吸附特征给出粗略的估计。

当然，由于化学形态直接分析的困难性，以及分配系数 K_d 值受岩石成分、水溶液的物理化学性质及其他外界因素的影响较大，铀的化学形态只是影响 K_d 值的一个重要因素。而且模拟过程中所采用的参数是来自国内外相类似经验数据或实验室尺度下获得的，并且 Bradbury、Ohlsson、Rebou 和 S. Xu 等人通过试验指出室内实验得到的扩散属性与野外现场试验获得的有相当大的差异。所以，本书获取的数据可以作为模拟计算过程中使用参数的参考，忽视其他作用的影响，直接将分配系数 K_d 值与化学形态联系起来作为简化后的间接验证。

目前，实验室测定地质介质对某物质吸附性的典型研究方法主要有批式法和柱法两种，还有人也采用扩散池法等其他方法对基岩的吸附特征进行实验。

批式法（batch or static method）也称静态法或间歇法，是测量分配系数、研究影响岩石最常用的一种方法。这种方法在实验室中简便快捷，很早就得到应用，目前还是使用最广的方法之一。其实验程序，是把固相样品如粉碎花岗岩样品与含有已知浓度放射性核素的水溶液（模拟水）混合，让岩石和溶液在震荡箱震荡下充分相互接触，一直到水溶液中的核素浓度不再改变才停止，采用离心法或过滤法使固液相分离，测定水中核素浓度变化，再根据相关公式可以计算出分配系数。当然，实验采用的岩石样品一般经过加工，破碎后其性质已经发生了变化，不再是原来现场没有扰动的完整的岩体或岩块了。经过加工后岩石比表面积增大，岩石和溶液接触机会增多，核素更容易被岩石阻滞吸附，此时测得的参数并不能作为该岩体在现场对核素的吸附阻滞参数使用，但可以大致表征该岩石对特定核素的阻滞吸附性能。对于岩石性状的变化目前各国还找不到一种更有效的替代办法。为了生产、工程和高放废物处理中能够使用方便，世界许多国家如美国、德国等竞相根据自己国家具有的岩土性质建立起分配系数数据库，而这些数据的获取都是来自此方法所测。

柱法（column or dynamic method）也称动态法，其工作原理和色层分离过程非常相似。其实验程序是，把破碎岩土样品充填入柱子里面，首先把不含放射性的模拟水冲洗柱中充填岩土，使柱中岩土与水达到平衡，再采用脉冲方式沿柱顶注入非吸附性核素溶液（如 HTO、^{125}I）适量后继续用模拟水淋洗并收集淋滤液，测定其中放射性核素浓度，再用需要测定的放射性核素代替非吸附性核素重复进行前面的实验，由此得出淋滤液里核素浓度和溶液体积的关系曲线，经过相应公式换算可得出分配系数。和批式法不同，根据实验要求可以选择完整的岩体或岩块做实验，不过岩石渗透率太低，水流速度太慢，很难短时期内通过岩石，一般要借助外力设备如高压泵来注入溶液以加快反应进程。

扩散池法也是研究核素在岩石等多孔介质中扩散规律的一种方法。其实验程序是，将岩石样品制成岩片（1~3mm）置于扩散池里面，整个池分为源液池和测量池，其体积比为2∶1，源液池中的放射线核素通过饱水处理后的岩片通过扩散作用进入到测量池中，测量两池放射线核素浓度并带入公式计算后可得到实验曲线。据此可求得岩石的平均分配系数。

上面列出的三种方法中，批式法对实验设备和场地条件的选取都相对较简单，对实验的要求较低，整个实验进行的周期一般也较短，同一时间能够进行多批次相关的平行实验，并且实验时间不太长。不足之处是实验过程中要对实验中的岩石进行破碎筛选，使原有岩石的物化性质被改变，岩石的比表面积也大大改变，因此通过该方法测定的参数也存在较大的误差，不过由于现在各国还没有找到更合适的办法，目前一般还是采用此法居多。

柱法和扩散池法均考虑到了采用比较完整的岩体或岩块来进行扩散实验，其所得结果更和实际使用的参数接近。不足之处都是不容易控制较大的地下水流速通过岩石裂隙；设备装置比较复杂、昂贵；并且整个实验完成时间太长，有的可达几年甚至几十年还没有达到效果。柱法的优点是可以用未扰动的土样或完整的岩样进行实验，因而其数据更能反映真实的情况。但该实验实施过程中流速难于控制，实验周期太长。因此，采用此两种方法有较大的难度。

6.5.2　采用的实验方法

以上对核素在岩石介质中的扩散实验方法进行了分析，三种方法各自有其优点和不足之处，本书结合自身具体情况选择批式法进行实验，拟结合铀在粉碎岩石中的静态吸附研究数据，以及不同因素如 pH 值、温度、粒径等对铀在处置场岩石中静态分配系数 K_d 值的影响，来分析分配系数 K_d 值变化规律间的相互联系。

6.5.3 实验技术路线

实验方法确定以后，制订的实验技术路线如图 6-1 所示。

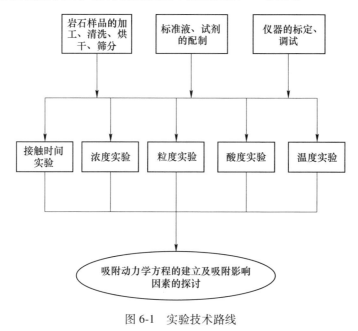

图 6-1 实验技术路线

6.6 实 验 准 备

6.6.1 样品制备

6.6.1.1 岩石样品

研究区广泛分布着花岗岩，花岗岩属于酸性 $[w(\mathrm{SiO_2})>66\%]$ 岩浆岩中的侵入岩，这是此类中最常见的一种岩石，多为浅肉红色、浅灰色、灰白色等，中粗粒、细粒结构，块状构造，也有一些为斑杂构造、球状构造、似片麻状构造等。主要矿物为石英、钾长石和酸性斜长石，次要矿物则为黑云母、角闪石，有时还有少量辉石。副矿物种类很多，常见的有磁铁矿、榍石、锆石、磷灰石、电气石、萤石等。石英是各种岩浆岩中最多的，其含量（质量分数）可达 20%~50%，少数可达 50%~60%。钾长石的含量一般比斜长石多，两者的含量比例关系常常是钾长石占长石总量的三分之二，斜长石占三分之一，钾长石在花岗岩中多呈浅肉红色，也有灰白、灰色的。

　　根据暗色矿物种类花岗岩还可以进一步命名，如暗色矿物主要是黑云母，可称为黑云母花岗岩，这是常见的一种花岗岩。如为黑云母和白云母，其含量接近相等，可称为二云母花岗岩，如果暗色矿物以角闪石为主，则称为角闪花岗岩，如果暗色矿物以辉石为主，则称为辉石花岗岩，几乎不含暗色矿物的则可称为白岗岩。

　　灰白色中细粒黑云母二长花岗岩，呈灰白色，中细粒花岗结构，块状构造，由斜长石（35%~40%）、钾长石（25%~33%）、石英（25%~30%）、黑云母（5%~8%）和少量磁铁矿、磷灰石、褐帘石、锆石等矿物组成。浅肉红色中细粒黑云母二长花岗岩，呈浅肉红色，中细粒花岗结构，块状构造，由钾长石（30%~35%）、斜长石（约30%）、石英（约30%）、黑云母（约5%）和少量磷灰石、褐帘石、磁铁矿、锆石等矿物组成。少量黑色花岗岩为辉石闪长玢岩，呈灰黑色，斑状结构，基性，具有半自形-他形细粒状结构。

　　本书中的实验研究对象为研究区地下花岗岩，其岩石特征如图6-2和图6-3所示。选取研究区中北山采石场采取的黑云母二长花岗岩样品进行实验。该岩石化学特征呈灰白色，似斑状结构，块状构造，岩石中主要成分为石英、斜长石、碱性长石、黑云母等。根据范洪海等人于2006年对北山旧井岩体岩石特征展开的研究可知，在显微镜下研究区岩石特征主要为：斑晶由微斜长石及微斜条纹长石组成，斑晶大小为0.7~2cm，含量为8%~20%。基质为不等粒粒状结构，粒度为0.3~3mm，如图6-3（a）所示。总体矿物组成及特征为：中长石含量40%~45%，微斜长石含量为25%~35%，呈厚板状晶，具格子双晶[见图6-3（b）]，石英为20%~25%，呈团块状聚晶及短柱状集合体；黑云母为5%，呈叶片状，具黄褐色、淡黄色多色性，见白云母化及绿泥石化；副矿物可见磷灰石、锆石、石榴子石等。岩样的化学组成和矿物组成分析结果见表6-1，SiO_2含量为70.6%~72.1%，Fe_2O_3、FeO、MgO、CaO的含量较高，Na_2O的含量均大于K_2O，为典型的Ⅰ型花岗岩。

表 6-1　北山旧井岩体 BS03 号钻孔岩石化学成分

样品号	w (SiO_2) /%	w (TiO_2) /%	w (Al_2O_3) /%	w (Fe_2O_3) /%	w (FeO) /%	w (MnO) /%	w (MgO) /%	w (CaO) /%	w (Na_2O) /%	w (K_2O) /%	烧失量/%	采样深度/m
BS03-3	70.60	0.313	15.54	0.85	1.13	0.033	0.66	2.05	4.76	3.3	0.50	152.30
BS03-5	71.60	0.222	15.43	0.59	0.79	0.015	0.45	1.98	4.78	3.37	0.64	299.58
BS03-9	71.85	0.149	15.63	0.60	0.74	0.024	0.35	1.97	5.63	2.80	0.16	329.32
BS03-11	72.10	0.199	15.26	0.54	0.83	0.028	0.38	1.60	4.93	3.73	0.24	371.05
BS03-15	71.91	0.21	14.80	0.63	0.87	0.023	0.43	1.73	4.64	3.60	1.00	95.74

　　注：样品由核工业北京地质研究院分析测试中心测试，测试方法为X荧光光谱法。

图 6-2 甘肃北山 BS03 钻孔岩体岩心

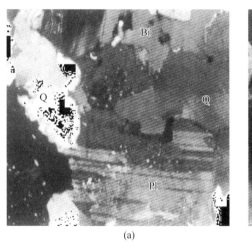 

(a)　　　　　　　　　　　　　　　　　(b)

图 6-3 北山旧井岩体岩石显微照片

（a）似斑状二长花岗岩（正交，40×）；（b）微斜长石的格子状双晶（正交，40×）

岩石样品经粉碎、筛分，取大于 $250\mu m$、$250\sim180\mu m$、$180\sim150\mu m$、$150\sim115\mu m$、小于 $115\mu m$ 部分，用去离子水漂洗数次，倾去悬浮颗粒，在 105℃ 下烘干备用。除进行粒度对分配系数影响的实验外，其他实验都选用 $180\sim150\mu m$ 的样品。

6.6.1.2 模拟地下水

根据北山 BS04 号钻孔 400m 深地下水离子成分，模拟北山地下水配制混合地下水，制备好后用氮气密封于聚乙烯瓶中备用。其离子成分及 pH 值列于表 6-2 中。

表 6-2 模拟地下水的离子成分及 pH 值

地点	浓度/mg·L^{-1}							pH 值
	K$^+$	Na$^+$	Ca^{2+}	Mg^{2+}	Cl$^-$	SO$_4^{2-}$	HCO$_3^-$	
BS04 号孔	5.44	1638.00	349.60	71.67	1701.00	1980.00	120.60	7.54
实验用地下水	21.99	1059.93	207.01	57.57	1237.90	1296.80	121.20	7.60

6.6.1.3 铀溶液

本实验采用的溶液分别用 1g/L 和 100mg/L 的铀标准液（东华理工大学分析测试中心提供）经 0.01mol/ L 的 NaNO$_3$ 溶液稀释配制而成。实验用的铀溶液采用模拟地下水进行配制，配制的铀浓度为 0.001g/L、0.01g/L、0.015g/L、0.1g/L、0.15g/L。用 NaOH 和 HNO$_3$ 溶液对每组各个样的 pH 值进行调节，pH 值接近 7.60。

6.6.2 实验条件

6.6.2.1 温度

前人所做的矿物对铀的吸附实验均未考虑温度的影响，然而铀的吸附、解吸行为是一个热力学、动力学过程，温度对实验结果的影响较大。本次实验将实验温度作为实验的一项影响因素进行研究。50~60℃ 与 700~1000m 深的花岗岩深地质处置库的地温相当。因此，实验中测试温度影响项目时温度控制在 10~50℃ 之间，由国产恒温水浴震荡仪控制，其温度误差为±0.3℃。

6.6.2.2 pH 值

尽管前人的研究均表明矿物对铀的较大吸附仅发生在较小的 pH 值范围，且其最大吸附量发生在 pH≈6.5~7.0 之间。但一般而言，天然深部地下水的 pH 值大多为中性，天然地表水有可能呈较强的酸性；花岗岩地下水的 pH 值略偏碱性，大约为 7.5~8.0，而有的花岗岩地下水 pH 值甚至可达 9~10。并且，在高放废物深地质处置库内，在经过相当长时间后，由于废物容器的腐蚀，回填材料及混凝土材料的溶解等，其地下水的 pH 值范围较宽。北山 BS04 号钻孔 400m 深地下水的 pH 值为 7.54，本次实验的用水 pH 值以此为参考，配制出来的水最终测得 pH 值为 7.60。配制过程中用 HNO$_3$、NaOH 及 NaHCO$_3$ 来调节水溶液的酸碱度至合适的值。实验过程中 pH 值用上海精密科学仪器公司 PHS-3F 雷磁酸度计测试，其电极为 E-201-C 型 pH 复合电极，在 0~100℃ 内自动温度补偿。采用二点法标定，精度为±0.02℃。

6.6.2.3 铀浓度

铀在核燃料循环中不仅是燃料，又是生产后的废物。在天然类比研究中，铀既是高放废物的重要成分，也是其中长寿命锕系元素 Np、Pa 和 Pu 的化学类似物，研究铀系核素的吸附，具有重要的现实意义。

自然界中铀主要以六价铀和四价铀为主，天然水中的离子态铀基本上都是六价态铀，天然水中的铀总浓度一般为 $4×10^{-7}$g/L，而本研究区 400m 深处测得的钻孔水铀浓度为 $8.47×10^{-5}$g/L。在进行实验时，采用铀标准溶液的铀浓度相对于天然情况下要高出 10^{-3} ~ 10^{-2}倍，因此，实验过程中的各种所需条件尽量与研究区所处地下水环境相一致。实验配制溶液的铀浓度定为 0.001~0.15g/L。

6.6.2.4 实验反应平衡时间

岩石样品吸附铀在多长时间可以达到吸附平衡？这对于控制实验进度十分重要。

Waite 在水针铁矿对铀的吸附实验研究中指出，在吸附反应的最初 30h 内，溶液中溶解 U(Ⅵ) 的活度随反应时间增大而迅速减小。这表明在最初的几十个小时内，矿物对铀的吸附十分强烈。此后直到 200h 过程内，矿物对 U(Ⅵ) 吸附量的增长很缓慢。他指出，这种特征的吸附动力学模式是由于无机离子结合在水针铁矿及其他矿物表面的缘故，最初的快速吸附过程可能是受粒子外围的扩散控制的，如果吸附质在溶体中未受制约，这种过程只需要几分钟就能达到平衡。Fuller 的矿物表面对 As 的吸附研究表明，吸附后期的缓慢吸附过程是由于 As 在吸附过程中形成了较大的纤铁矿粒子集合体的缘故。我们认为同样的机制存在于黏土矿物对 U(Ⅵ) 的吸附过程中。所以初步选择反应时间为 60h 左右。具体反应时间根据实验吸附铀程度，吸附剂与水溶液达到的动态平衡时间来定。

6.6.3 主要仪器

pH-25 型酸度计，上海雷磁仪器厂；国产恒温水浴振荡仪，其温度误差为 ±0.3℃；WGJ-Ⅲ型激光铀分析仪（检测下限 0.02ng/mL），杭州光电有限公司；HSZⅡ-10K 蒸馏水发生器，上海索域试验设备有限公司；WAS 系列电子天平（精度 0.01mg），上海方瑞仪器有限公司。

6.7 分配系数的测定计算

实验采用批式法测定铀在北山花岗岩粉末中的分配系数。其实验程序是，把野外取来的岩石样品先进行加工预处理，岩石清洗、粉碎、筛分、清洗、烘干后密封保存；根据要求称取实验需要的岩石放入聚乙烯瓶中，用盖子把瓶密封好，尽量减少和空气接触，防止岩石发生氧化。按要求加入适量的铀溶液，用 NaOH 和 HNO₃溶液对每组各个样的 pH 值进行调节，使各个样的 pH 值在规定范围之内。盖好瓶盖。按实验要求将样品置于恒温的空气浴振荡器中，对实验溶液进行恒温振荡，静置使溶液澄清，实验反应时间分别为 2d、7d、14d、28d，用移液管吸取澄清后的瓶中上清液 10~50μL，根据其浓度大小对上清液作稀释，然后采用激光荧光法的标准加入法使用微量铀分析仪来测定溶液中铀的浓度。标准加入法计算公式见式（6-8），然后由测量结果按式（6-9）计算铀在岩石中的分配系数 $K_d(mL/g)$。其余样品实验方法相同。

计算公式：

$$U = \frac{F_1 - F_0}{F_2 - F_1} \times \frac{a}{b} \times k \tag{6-8}$$

$$K_d = (c_i - c_f) \cdot V_s / (c_f \cdot m) \tag{6-9}$$

式中　U——接触一定时间后溶液中铀的浓度，μg/L；

　　　F_0——溶液本底平均计数；

　　　F_1——溶液加入铀荧光增强剂后测得的荧光计数值；

　　　F_2——溶液加入注入标准铀溶液后测得的荧光计数值；

　　　a——铀标准液加入体积，mL；

　　　b——样品溶液加入体积，mL；

　　　k——加入铀标准液浓度，μg/mL；

　　　K_d——分配系数，mL/g；

　　　V_s——整个溶液的体积，mL；

　　　m——岩石样品的质量，g；

　　　c_i——水中铀的起始浓度，mol/L；

　　　c_f——达到反应平衡时水中铀的浓度，mol/L。

6.8　实　验　内　容

结果优化后按实验目的的不同整个实验可以分为 5 组共 21 个实验试样进行，每个试样在相同条件下做 2 组，以利于数据对比。实验过程中所采用的样品质量均为 10g，每个样 50mL，见表 6-3。实验时每组试样实验条件为：

（1）A 组实验考察接触时间对分配系数的影响，铀溶液浓度为 0.01g/L，样品粒径为 180~150μm，固液比为 1∶5，pH 值不变，室温 25℃；

（2）B 组实验考察铀浓度对分配系数的影响，配制铀浓度分别为 0.15g/L、0.1g/L、0.015g/L、0.01g/L、0.001g/L，五种溶液分别加入 180~150μm 粒径样品中进行，固液比为 1∶5，室温 25℃；

（3）C组实验考察岩石粒径大小对分配系数的影响，岩石粒径分为大于250μm、250~180μm、180~150μm、150~125μm 和小于 125μm 几种，固液比为1：5，pH 值 7.6，室温 25℃；

（4）D组实验研究不同 pH 值时酸度对分配系数的影响，分别在 pH 值为 3、5、7、9、11 五种酸度下进行实验，采用 180~150μm 粒径样品，固液比为 1：5，室温 25℃；

（5）E组实验在不同的温度下进行，目的是考察温度对分配系数的影响，采用 180~150μm 粒径样品，pH 值不变，室温 25℃。

各实验编号对应情况见表 6-3。

表 6-3　铀吸附实验资料明细表

实验编号	实验目的	样品粒径/μm	岩石样品质量/g	加入铀浓度/g·L⁻¹	加入铀溶液的体积/mL	pH 值	温度/℃
1-1	A 接触时间的影响	180~150	10	0.01	50	7.6	室温
2-1			10	0.15	50	7.6	室温
2-2			10	0.1	50	7.6	室温
2-3	B 铀浓度的影响	180~150	10	0.015	50	7.6	室温
2-4			10	0.01	50	7.6	室温
2-5			10	0.001	50	7.6	室温
3-1		>250	10	0.01	50	7.6	室温
3-2		250~180	10	0.01	50	7.6	室温
3-3	C 样品粒径的影响	180~150	10	0.01	50	7.6	室温
3-4		150~125	10	0.01	50	7.6	室温
3-5		<125	10	0.01	50	7.6	室温
4-1		180~150	10	0.01	50	3	室温
4-2		180~150	10	0.01	50	5	室温
4-3	D 酸度的影响	180~150	10	0.01	50	7	室温
4-4		180~150	10	0.01	50	8	室温
4-5		180~150	10	0.01	50	9	室温
5-1		180~150	10	0.01	50	7.6	10
5-2		180~150	10	0.01	50	7.6	20
5-3	E 温度的影响	180~150	10	0.01	50	7.6	30
5-4		180~150	10	0.01	50	7.6	40
5-5		180~150	10	0.01	50	7.6	50

6.9 实验结果及讨论

6.9.1 接触时间对分配系数的影响

A组实验考察接触时间对花岗岩分配系数的影响，结果示于表 6-4 和图 6-4 中。

表 6-4 接触时间与分配系数 K_d 的变化实验结果

接触时间/d	1	2	3	5	10	15	20	30
$K_d/\text{mL} \cdot \text{g}^{-1}$	23.5	26.2	28.3	28.2	27.9	28.6	29.1	28.9

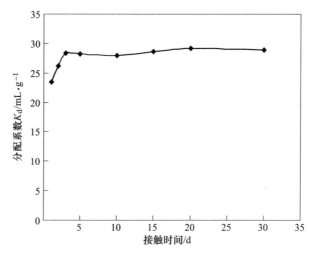

图 6-4 接触时间与分配系数的关系图

[$c_0(\text{U}) = 0.01\text{g/L}$，粒径为 $180 \sim 150\mu\text{m}$，$\text{pH} = 7.6$，$V = 50\text{mL}$，$25℃$]

从数据可知，粉末状花岗岩对铀吸附在 2~3d 达到吸附平衡，此时分配系数约为 28mL/g。这和实验开始时初步定的 60h 接近，因此，选定实验时间为 2d。实验反应达到吸附平衡时间比较快和岩石的被粉碎有关，岩石和铀充分接触，发生离子交换反应，随着反应的进一步发生，生成的次生矿物也会促进铀的进一步吸附。

6.9.2 铀浓度变化对分配系数的影响

B组实验考察铀浓度对分配系数的影响，结果示于表 6-5 和图 6-5 中。

表 6-5　铀浓度与分配系数 K_d 的变化关系实验结果

铀浓度/g·L⁻¹	0.001	0.01	0.015	0.1	0.15
K_d/mL·g⁻¹	27.7	32.3	33.4	30.8	27.3

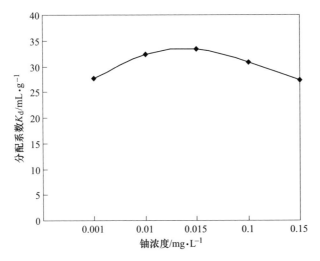

图 6-5　铀浓度变化与分配系数的关系图

［粒径为 180~150μm，pH=7.6，V=50mL，t=2d，25℃］

如表 6-5 和图 6-5 所示，当水中铀浓度从 0.001mg/L 升高至约 0.012mg/L 后，分配系数 K_d 也逐渐变大；而当铀浓度继续增大到一定程度即超过 0.012mg/L 时，分配系数开始下降。铀浓度的变化会引起分配系数的变化，但变化不大（27.3~33.4mL/g），总体趋势为铀浓度增加，分配系数缓慢降低。考虑到实验误差，铀浓度对分配系数的影响不大。

出现此结果的可能原因：在反应过程中，瓶中加入的岩石粉末数量有限，对核素铀的吸附能力也是有限的，反应前期会引起 K_d 变大，而实验过程中不断提高铀的浓度，使水中 UO_2^{2+} 逐渐变多，和岩石交换吸附活动加强，使水中 U 相对浓度变大，引起 K_d 变小。

6.9.3　粒径变化对分配系数的影响

C 组考察铀在不同粒径的花岗岩中的吸附影响，其结果列于表 6-6 和图 6-6 中。

表 6-6　粒径与分配系数 K_d 的变化关系实验结果

样品粒径/μm	>250	250~180	180~150	150~125	<125
K_d/mL·g⁻¹	25.3	24.7	28.3	36.0	41.6

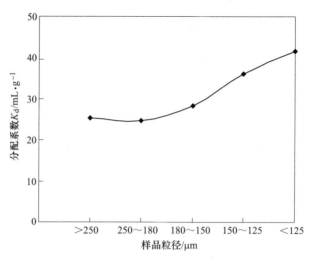

图 6-6　粒径与分配系数的关系图

$[c_0(\mathrm{U}) = 0.01\mathrm{g/L}, \mathrm{pH} = 7.6, V = 50\mathrm{mL}, t = 2\mathrm{d}, 25℃]$

从表 6-6 和图 6-6 可以看出，粒径对分配系数影响比较大，总体上随着粒径的增大，分配系数逐渐减小。这是由于同等质量的岩石粒径越小，相应的岩石颗粒比表面积会变大，和铀溶液接触的面积也就越大，交换或吸附到岩石中的机会也就越多，因此分配系数也就变大。

6.9.4　酸度变化对分配系数的影响

D 组实验研究不同 pH 值时酸度对分配系数的影响，实验中改变溶液的 pH 值，主要有 pH 值为 3、5、7、9、11 这几种采用 180~150μm 粒径岩石样品，固液比为 1:5，室温 25℃；实验所得结果列于表 6-7 和图 6-7 中。

表 6-7　酸度与分配系数 K_d 的变化关系

pH 值	3.87	6.56	7.45	8.40	9.06
$K_d/\mathrm{mL \cdot g^{-1}}$	19.8	28.7	25.6	15.6	13.5

当实验水溶液在 pH<7 时，如图 6-7 可知，水中铀在花岗岩上的吸附渐渐变大，曲线逐渐升高，接近 pH=7 的情况时达到最高，此时分配系数较大；而在碱性条件下，随溶液 pH 值的升高，铀的吸附急剧降低。造成这种现象的原因可能是在酸性条件下，铀在地下水中的化学形态主要有 UO_2^{2+}、UO_2SO_4（aq）、UO_2OH^+。而岩石的表面负电荷发达，对这些带有正电荷的各种形态的铀吸附较好。此时电荷吸附起主要作用。与此相对应，分配系数 K_d 值呈明显增加趋势。pH 值接近 7 时，UO_2CO_3（aq）处于绝对优势，以电荷吸附为主的吸附逐渐停止，

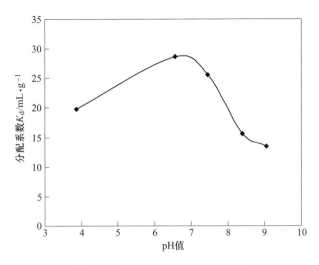

图 6-7 酸度与分配系数的关系图

[$c_0(U)$ = 0.01g/L，粒径为 180 ~ 150μm，V = 50mL，t = 2d，25℃]

此时分配系数 K_d 值变化也趋于平缓。水中铀的形态主要有 $UO_2(CO_3)_2^{2-}$、$(UO_2)_2CO_3(OH)_3^{-}$、$UO_2(CO_3)_3^{4-}$、$UO_2(OH)_3^{-}$，这些化学形态都不利于铀在岩石表面的吸附。碱性条件下，由于溶液中的 CO_3^{2-}、HCO_3^{-} 与铀酰可以形成不易被岩石吸附的碳酸铀酰，而表现为随溶液 pH 值的升高，铀的吸附急剧降低。此时，分配系数 K_d 值也呈逐渐下降的趋势。

6.9.5 温度变化对分配系数的影响

本组实验考察温度对分配系数的影响，结果列于表 6-8 和图 6-8 中。

表 6-8 温度对分配系数的影响

温度/℃	10	25	30	40	50
K_d/mL·g^{-1}	25.4	27.1	26.3	25.5	24.9

实验过程中，由于受实验条件的限制，进行实验的温度范围不高，实验在恒温水浴箱中进行，分析表 6-8、图 6-8 结果发现温度对所测得的分配系数影响不大，低于室温（25℃）时，铀在花岗岩上的吸附逐渐增大，之后，随温度增加而降低。这可以解释为当温度开始上升时，溶液中分子获得能量变多而运动加快，使被岩石吸附的铀活动加剧而进入水中。随着反应的进一步进行，整个反应作为放热反应过程而影响反应平衡，抑制正反应进行，同时还会引起反应平衡常数变化，从而造成反应初期分配系数下降，后来随温度增加而降低。

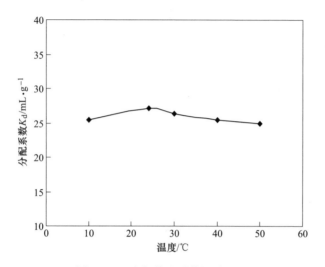

图 6-8 温度与分配系数的关系图

$[c_0(U) = 0.01g/L$，粒径为 $180 \sim 150 \mu m$，$V = 50mL$，$pH = 7.6$，$t = 2d]$

6.10 花岗岩对铀的吸附等温线

吸附等温线是在一定的温度条件下，测定的吸附量与吸附物平衡质量浓度的关系曲线，相应的数学方程式称为吸附等温式。前面实验研究了铀在 pH 值、浓度、温度等不同因素下在粉碎花岗岩中对平衡分配系数 K_d 值的影响。目的是研究水动力模型中的模拟计算参数的变化。由实验可知，铀在花岗岩介质上的吸附较小。另外，铀在花岗岩介质上的分配系数随不同影响因素变化而发生改变，也就是说在实验中取得的分配系数不会得到单一固定数，一般为一系列在特定影响因素条件下所取得的变量。

通过以上改变地下水中铀初始浓度的实验分析计算，考察了研究区花岗岩对铀的吸附影响，结果如图 6-9 所示。

实验结果发现，在实验采用的 c_i 范围（$0.001 \sim 0.15 g/L$）内，当达到吸附平衡时，铀在北山花岗岩上的吸附容量 q 的对数（即 $\lg q$）与平衡水相中铀浓度的对数（即 $\lg c$）的关系曲线即吸附等温线为一直线。将不同铀浓度下的吸附实验数据按 Freundlich 吸附等温方程处理。从图 6-9 中看出，二者呈明显的线性关系，即符合 Fredundlich 吸附等温式：

$$q = Kc^n \tag{6-10}$$

$$\lg q = \lg K + n\lg c \tag{6-11}$$

式中 q——岩石对铀的吸附容量，mol/g；

c——溶液达到平衡铀的浓度，mol/L；

K，n——常数。

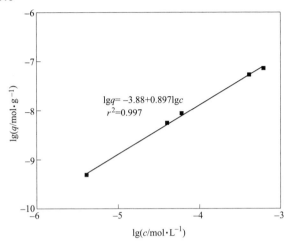

图 6-9　北山花岗岩中铀吸附的 Freundlich 吸附等温线

（粒径为 180~150μm，pH = 7.6，V = 50mL，t = 2d，25℃）

由图 6-9 可以得到拟合方程：

$$\lg q = -3.88 + 0.897\lg c \tag{6-12}$$

因此拟合结果为，$K = 1.698 \times 10^{-3}$，$n = 0.897$，$r^2 = 0.997$。因此，可求得铀的吸附等温方程式为：

$$q = 1.698 \times 10^{-3} c^{0.897} \tag{6-13}$$

6.11　小　　结

本章结合了铀在岩石中的静态吸附研究数据，以及不同因素如 pH 值、浓度、温度等对铀在处置场岩石中静态分配系数 K_d 值的影响，并分析铀的各种化学形态演变规律与分配系数 K_d 值变化规律间的相互联系。得出结论如下。

（1）根据铀在研究区岩石中迁移影响因素实验结果可知，在静态吸附中，岩石和铀离子交换吸附起主要作用，体系在 2~3d 达到吸附平衡。

（2）分配系数 K_d 测定的静态批式法实验结果表明，pH 值、粒径、浓度、温度等不同实验条件下对铀在粉末状花岗岩中静态分配系数 K_d 都有影响，在实验室研究工作中是可行的，但与实际现场测定相比，其真实性有一定的差异。

（3）温度增高导致了铀的分配系数 K_d 值的变化，但对吸附效率影响不大。

（4）由实验结果可知，pH 值和核素浓度对铀在地下水中吸附扩散影响比较显著。

（5）随着 pH 值的增加，分配系数 K_d 值呈现先上升后下降的趋势。酸性条件下铀在地下水中的化学形态利于吸附。碱性条件下铀在水中的化学形态不利于铀在岩石表面的吸附，分配系数 K_d 值随碱性增加呈逐渐下降的趋势。

（6）铀在岩样中的分配系数随着其初始浓度的增加而增大，铀在北山花岗岩上的吸附容量 q 的对数与平衡水相中铀浓度的对数呈线性关系，符合 Fredundlich 等温吸附方程。据拟合结果求得铀的吸附等温方程式为 $q = 1.698 \times 10^{-3} c^{0.897}$。

7 结论与趋势分析

7.1 结　　论

　　放射性核素在处置场地下水中的迁移行为研究是高放废物的安全地质处置中的一项热门难点研究内容，同时也是处置场安全评价的关键问题之一。本书以我国高放废物北山处置库预选场为例，通过比较系统的野外地质调查、样品采集、分析测试和整理，从水动力学、水文地球化学角度对所选取的核素 U 和 Sr 在预选场花岗岩裂隙水中的迁移行为展开研究。建立了核废物处置场地下水运动的概念模型和迁移模型，推导出核素在裂隙水中迁移的解析解。并利用 MATLAB 分别计算了 U、Sr 两种核素在花岗岩裂隙域与基质域中的相对浓度分布。并且采用计算机地球化学模拟计算软件 PHREEQC-Ⅱ，模拟计算北山研究区地下水中放射性铀、锶的化学形态分布，同时提出该区内放射性核素铀、锶在花岗岩裂隙地下水中迁移的核素运移数值方程。据此模拟预测未来预选场处置库遭到破坏后核素 U 和 Sr 在花岗岩裂隙地下水中的迁移情况。最后还采用实验室批式法测定了不同条件下铀在北山粉碎花岗岩岩石裂隙水中的阻滞吸附结果，同时还对几种主要因素影响岩石分配系数 K_d 值的变化做了分析研究。通过上述分析，可以得到以下主要结论。

　　（1）研究区处于典型的半沙漠大陆性气候的中亚内陆地区，区内发育有大规模的花岗岩体，属于比较理想的处置库围岩类型。且区内很少有常年性地表水系，地下水来自降雨下渗，沿着断裂破碎构造汇集形成。对核素在研究区内裂隙水水文地质特征与水动力特性展开研究有比较重要的意义。

　　（2）考虑裂隙系统的非均质性与复杂性，概化后建立了研究区一维多途径核素迁移模型，讨论选取研究区相应水动力参数与介质各种参数对核素在裂隙地下水中的影响，为下一步计算核素在花岗岩裂隙水系统中的复杂迁移行为提供理论基础。

　　（3）通过建立的核素迁移模型，推算出裂隙水中放射性核素注入条件下裂隙域和基质域中的解析解。并根据该模型条件下的水动力参数和介质特性参数对核素在花岗岩裂隙地下水中迁移的影响，选取相应的模拟参数作为计算的基础。

　　（4）选取 1×10^3a、1×10^4a 和 1×10^5a 三个时间段，选取 U、Sr 两种核素对北山花岗岩裂隙域中地下水进行了模拟研究，了解两种核素在裂隙域中相对浓度随迁移距离的变化。模拟结果表明，在其他条件都相同的情况下，U 在地下水中迁移的距离为 500~700m，而 Sr 在地下水中迁移的距离为 1400~1600m，比 U 要长。

（5）研究放射性核素 U、Sr 在基质域中的迁移变化情况，研究相对浓度随迁移距离的变化，$t = 1 \times 10^5 a$ 时，在各自最大迁移距离附近基质域中两种核素的相对浓度都随着扩散距离的增大而减小。花岗岩对各核素的阻滞作用非常明显，同时各自的吸附作用不同会造成在岩石中的迁移出现差异。

（6）运用水文地球化学模拟软件 PHREEQC-Ⅱ，对研究区的钻孔地下水及乌龙泉水中 U、Sr 元素的形态进行计算分析。结果表明，地下水及泉水中铀元素的形态分布大致相同，地下水中 $U(OH)_5^-$、$U(OH)_4^0$、UO_2^{2+} 的含量均明显低于乌龙泉中的含量。锶元素在地下水中的主要形态为无机分子或离子，Sr^{2+} 和 $SrSO_4^0$ 占主导地位，$SrHCO_3^+$ 和 $SrCO_3^0$ 的浓度相对较低；通过分析对比污染物（铀和锶元素）全部进入含水层后和天然状态下的 U、Sr 元素的形态分布，地下水中铀元素的主要形态仍以 $UO_2(CO_3)_3^{4-}$、$UO_2(CO_3)_2^{2-}$、$UO_2CO_3^0$ 和 $(UO_2)_3(OH)_5^+$ 为主。U 作为污染物进入地下水后地下水中 $UO_2(CO_3)_3^{4-}$、$UO_2(CO_3)_2^{2-}$ 的量都分别降低，而 $(UO_2)_3(OH)_5^+$ 则增加超过 45%。锶元素作为污染物进入地下水后地下水中 Sr 元素主要形态为 Sr^{2+}、$SrSO_4^0$、$SrHCO_3^+$ 和 $SrCO_3^0$ 等，Sr^{2+} 和 $SrSO_4^0$ 占据主导地位。此时 Sr^{2+} 和 $SrSO_4^0$ 所占百分比接近 80%。

（7）利用 PHREEQC-Ⅱ软件所具有的一维溶质输运耦合模拟的功能，根据研究区地层的岩性和渗透系数的不同把研究区分成两个区来模拟计算，预测出未来处置库遭破坏后放射性核素铀和锶在地下水中的迁移变化。主要计算了污染物铀、锶元素连续源情况下和作为瞬时源进入地下水后的浓度随时空的分布。同时还计算了迁移过程中影响放射性核素铀、锶迁移行为的 pH 值、弥散度、扩散系数和温度等因素。因此，PHREEQC-Ⅱ软件有助于解决放射性核素在地下水中的迁移污染预测问题。

（8）采用批式法测定了不同条件下铀在北山粉碎花岗岩岩石裂隙水中的阻滞吸附结果，同时还对几种主要的影响因素，如 pH 值、粒径、浓度、温度等，在实验中对岩石分配系数 K_d 值的影响做了分析。结果表明，体系在 2～3d 达到吸附平衡。pH 值、粒径、浓度、温度等不同实验条件下对铀在粉末状花岗岩中的静态分配系数 K_d 都有影响，温度增高导致了铀的分配系数 K_d 值的变化，但吸附效率影响不大。pH 值和核素浓度对铀在地下水中吸附扩散影响比较显著。铀在北山花岗岩上的吸附容量 q 的对数与平衡水相中铀浓度的对数呈线性关系，符合 Fredundlich 等温吸附方程。此时铀的吸附等温方程式为 $q = 1.698 \times 10^{-3} c^{0.897}$。

7.2　趋　势　分　析

本书虽然对我国高放废物处置场花岗岩裂隙地下水中放射性核素迁移问题进行了相关分析讨论，但受时间、所遇到问题的复杂性、经费及作者水平等诸多因素的限制，还存在许多需要注意的问题，需要在今后的工作中加以解决，归纳起来，作者提出未来可以从以下几方面展开工作。

（1）放射性核素迁移问题在环境中的运移机制十分复杂，本书在分析放射性核素在裂隙水介质中迁移作用时主要考虑物理作用为主，而对于化学作用和生物作用考虑不够全面。下一步工作应加强放射性核素迁移过程中与地下水及周围岩石的反应机理研究。

（2）在放射性核素研究过程中，本书仅考虑了核素自身的衰变，而对于核素的链式衰变及其产物对地下水的影响情况没有考虑，未来开展进一步工作时可考虑链式衰变条件下的放射性核素迁移问题。

（3）本书中采用的模拟软件 PHREEQC-II 只能进行简单的一维核素迁移模拟，下一步建议考虑将 PHREEQC-II 与具有三维地下水运动模拟能力的水动力模拟软件结合，如 PHT3D 等程序，来处理多种平衡与动力学反应过程，包括水化学络合、矿物的沉淀/溶解及离子交换，模拟复杂情况下的三维地下水流动及核素迁移情况，改善模拟效果。

（4）为了便于批试验结果之间的相互比较，书中的批试验都是在相似的反应条件下进行的，这就造成反应条件过于单一，不能完全表征实际受污染地下水的各种情况。未来应尽快建立现场地下实验室试验测定野外参数，以确定和获得与野外现场条件相符的反应参数和工程设计依据。

（5）本书所做的分析都是围绕地下水环境在确定情景下，选择相关参数来进行研究的，下一步工作的展开应考虑各种扰动情景下的不确定性研究，以保证高放废物处置库的安全运行，保障未来人类健康不受威胁。

参 考 文 献

［1］ Birgersson L, Neretnieks I. Diffusion in the matrix of granitic rock: field tests in the Stripa mine ［J］. Water Resource Research, 1990, 26 (11): 2833-2842.

［2］ Bo Pang, Héctor Saurí Suárez, Frank Becker. Reference level of the occupational radiation exposure in a deep geological disposal facility for high-level nuclear waste: a Monte Carlo study ［J］. Annals of Nuclear Energy, 2017, 110: 258-264.

［3］ Bradbury M H, Lever D A, Kinsey D V. Aqueous phase diffusion in crystalline rock ［J］. Scientific Basic for Nuclear Waste Management, 1982: 569-578.

［4］ Bradbury M H, Green A. Measurements of important parameters determining aqueous phase diffusion rates through crystalline rock matrices ［J］. Journal of Hydrology, 1985, 82: 39-55.

［5］ Bradbury M H, Stephen I G. Diffusion and permeability based sorption measurements in intact rock samples ［J］. Materials Research Society Symposium Proceedings, 1985, 50: 81-90.

［6］ Bradbury M H, Green A. Diffusion studies of evaporitic rocks, slates and cements and concretes ［J］. UKAEA Report AERE, 1986, 11996: 111-134.

［7］ Zaffora B, Magistris M, Saporta G, et al. Uncertainty quantification applied to the radiological characterization of radioactive waste ［J］. Applied Radiation and Isotopes, 2017, 127: 142-149.

［8］ Chapman N A, Smellie J A T. Introduction and summary of the workshop on "Natural Analogues to the Conditions around a Final Repository for High-level Radioactive Waste" ［J］. Chemical Geology, 1986, 55 (4): 167-173.

［9］ Chappell B W, White A J R. Two contrasting granite types ［J］. Pacific Geology, 1974, 8: 173-174.

［10］ Chin-Fu Tsang, Lanru Jing, Stephsson O, et al. The DECOVALEX Ⅲ project: a summary of activities and lessons learned ［J］. International Journal of Rock Mechanics and Mining Science, 2005, 42: 593-610.

［11］ Padovani C, King F, Lilja C, et al. The corrosion behaviour of candidate container materials for the disposal of high-level waste and spent fuel— a summary of the state of the art and opportunities for synergies in future R&D ［J］. Corrosion Engineering, Science and Technology, 2017, 52 (1): 227-231.

［12］ Del Nero, Salah M, Gauthier-Lafaye S, et al. Sorption/desorption processes of uranium in clayer samples of the Bangombe natural reactor zone ［J］. Gabon. Radiochim. Acta, 1999, 87: 135-149.

［13］ Dean J D, Huyakorn P S, Donigian A S, et al. Risk of unsaturated/saturated transport and transformation of chemical concentrations (RUSTIC) ［J］. Theory and Code Verification, 1989, 1.

［14］ Kong D C, Dong C F, Xiao K, et al. Effect of temperature on copper corrosion in high-level nuclear waste environment ［J］. Transactions of Nonferrous Metals Society of China, 2017, 27 (6): 1431-1438.

［15］ Dershowitz W S, Wallmann P, Kindred S. Discrete fracture modeling for stripa site characterization and validation draft inflow predictions ［R］. Stockholm, SKB: Stripa Project Technical Report, 1991.

［16］ Detwiler R L, Rajaram H, Glass R J. Solute transport in variable-aperture fractures and investigation of the relative importance of Taylor dispersion and macrodispersion ［J］. Water Resour Res. , 2000, 36 (7): 1611-1625.

［17］ Didier Crusset, Valérie Deydier, Sophia Necib, et al. Corrosion of carbon steel components in the French high-level waste programme: evolution of disposal concept and selection of materials ［J］. Science and Technology, 2017, 52 (1): 17-24.

［18］ Fröhlich D R, Amayri S, Drebert J. Influence of humic acid on neptunium (V) sorption and diffusion in Opalinus Clay ［J］. Radiochimca Acta, 2013, 101 (9): 553-560.

［19］ Grimaud D, Beaucaire C, Michard G. Modelling of the evolution of ground waters in a granite system at low temperature: the stripa groundwaters, Sweden ［J］. Applied Geochem, 1990, 5: 515-525.

［20］ Gelhar L W, Welty C, Rehfeldt K R. A critical review of data on field-scale dispersion in aquifers ［J］. Water Resources Research, 1992, 28 (7): 1955-1974.

［21］ Gelher L W. Stochastic subsurface hydrology ［M］. Englewood Cliffs, NJ, USA: Prentice Hall, 1993.

［22］ Kunz H, Hesser J, Bruer V. Optimisation of a borehole-tunnel concept design for HLW disposal in granite using a 3D coupled THM modelling ［C］. Harmonising Rock Engineering and the Environment—Proceedings of the 12th ISRM International Congress on Rock Mechanics, 2011.

［23］ His C D, Langmiur D. Adsorption of uranyl on to ferric oxyhy-dioxides: application of the surface completion site-binding model ［J］. Geochim. Cosmochim. Acta, 1985, 49: 1931-1941.

［24］ IAEA. Geochemistry of long lived transuraniums actinides and fission product ［Z］. IAEA-TECDOC-673, 1992.

［25］ IAEA. Co-ordinated research project (CRP) on anthropogenic analogues for geological disposal of high level and long lived radioactive waste ［Z］. 1999.

［26］ IAEA. Scientific and technical basis for geological disposal of radioactive wastes ［Z］. Technical Report Series, 2003.

［27］ IAEA. Safety standards series WS-R-4, geological disposal of radioactive waste ［S］. 2006.

［28］ IAEA. Energy elecitricity and nuclear power estimates for the period up to 2050 ［Z］. IAEA-ADS-1/30, 2010.

［29］ Ian G. McKinley, W. Russell Alexander, Petra C. Blaser. Development of geological disposal concepts ［J］. Radioactivity in the Environment, 2007, 9: 41-76.

［30］ Jerry D. Manual of MINTEQA2 ［Z］. EPA, 1991.

［31］ Japan Nuclear Cycle Development Institute (JNC) . H12: Project to establish the scientific and technical basis for HLW disposal in Japan ［Z］. Japan, 2000.

［32］ Keller A A, R P V, Blunt M J. Effect of fracture aperture variations on the dispersion of contaminant ［J］. Water Resource Research, 1999, 35 (1): 55-63.

［33］ Klotz D, Seiler K P, Moser H, et al. Dispersivity and velocity relationship from laboratory and field experiments ［J］. Journal of Hydrology, 1980, 45: 169-184.

［34］ Langmuir D. Uranium solution-mineral equilibria at low temperatures with applications to one deposit ［J］. Geochimica et Cosmochimica Acta, 1978, 42: 547-569.

［35］ Laurence S C. Site selection and characterization processes for deep geological disposal of high level nuclear waste ［R］. Sandia: Albuquerque Sandia National Laboratories, 1997.

［36］ Jing L, Tang C F, Stephansson O. DECOVALEX—An international co-operative research project on mathematical models of coupled THM processes for safety analysis of radioactive waste repositories ［J］. International Journal of Rock Mechanics and Mining Science & Geomechanics Abstracts, 1995, 32 (5): 389-398.

［37］ Mohamed Azaroual, Christian Fouillac. Experimental study and modelling of granite-distilled water interactions at 180℃ and 14 bars ［J］. Applied Geochemistry, Elsevier Science Ltd. , 1997, 12: 55-73.

［38］ Meijer A. Conceptual model of the controls on natural water chemistry at Yucca Mountain, Nevada ［J］. Applied Geochemistry, 2002, 17: 793-805.

［39］ Mercer, James W, Cohen. A review of immiscible fluids in the subsurface: properties, models, characterization and remediation ［J］. Journal of Contaminant Hydrology, 1990, 6 (2): 107-163.

［40］ Neymark L A, Amelin Y V, Paces J. ^{206}Pb-^{230}Th-^{234}U-^{238}U and ^{207}Pb-^{235}U geochronology of Quaternary opal, Yucca Mountain, Nevada ［R］. Geochimica et Cosmochimica Acta, 2000, 64 (17): 2913-2928.

［41］ Neuman S P. On advective transport in fractural permeability and velocity fields ［J］. Water Resources Research, 1995, 31 (6): 1455-1460.

［42］ OECD/NEA. Methods for safety assessment of geological disposal facilities for radioactive waste: outcomes of the NEA MeSA initiative ［R］. NEA, 2012, 6923.

［43］ Parkhurst D L. Manual of PHREEQE ［Z］. USGS, 1990.

［44］ Parkhurst D L, Appelo C A J. User's guide to PHREEQC (Version2) —A computer program for speciation, batch-reaction, one-dimensional transport, and inverse geochemical calculations ［Z］. Denver. Geological Survey, 1999.

［45］ Pavel P. Poluektov, Olga V. Schmidt, Vladimir A. Kascheev, et al. Modelling aqueous corrosion of nuclear waste phosphate glass ［J］. Journal of Nuclear Materials, 2017, 484: 357-366.

［46］ Sharma P K, Dixit U. Contaminant transport through fractured-porous media: An experimental study ［J］. Journal of Hydro-environment Research, 2013, 8: 223-233.

［47］ Prasad A N, Kumra M S, Misra S D, et al. Requirement for the safe management of radioactive waste ［R］. Vienna: IAEA-TECDOC-853, 1995: 107-120.

［48］ Robinson N I, Sharp J M, Kreisel I. Contaminant transport in sets of parallel finite fracture with fracture skins ［J］. Contam Hydrol, 1998 (31): 83-109.

［49］　Russell L D, Harihar R, Glass R J. Solute transport in a variable-aperture fractures: an investigation of the relative importance of Taylor dispersion and microdispersion ［J］. Hydrology Res. , 2000（4）: 439-466.

［50］　Savage D, Rochelle C A. Modelling reactions between cement pore fluids and rocks: Impliations for porosity change ［J］. Contam. Hydrol, 1993, 13: 365-378.

［51］　Swedish Nuclear Waste Management Corporation（SKB）. The KBS annual report 1983 ［R］. KBS Technical Report 83-77, Stockholm, Sweden: SKB, 1984.

［52］　Swedish Nuclear Waste Management Corporation（SKB）. Final disposal of spent fuel: Importance of the bedrock for safety ［R］. SKB Technical Report 92-20, Stockholm, Sweden: SKB, 1992.

［53］　Swedish Nuclear Waste Management Corporation（SKB）. SR-SITE: Long-term safety for the final repository for spent nuclear fuel at Forsmark ［R］. SKB Technical Report TR-11-0192-20, Stockholm, Sweden: SKB, 2011.

［54］　Sudicky E A, Mclaren R G. The laplace transform galerkin technique for large-scale simulation of mass transport in discretely fractured porous formations ［J］. Water Resour. Res. , 1992, 28（2）: 499-514.

［55］　Lindborg T, Thorne M, Andersson E, et al. Climate change and landscape development in post-closure safety assessment of solid radioactive waste disposal: results of an initiative of the IAEA ［J］. Journal of Environmental Radioactivity, 2018, 183: 41-53.

［56］　Xu S, Wörman A, Dverstorp B. Heterogeneous matrix diffusion in crystalline rock-implication for geosphere retardation of migrating radionuclides ［J］. Journal of Contaminant Hydrology, 2001, 1（47）: 365-378.

［57］　Xu T F, Pruess K. Modeling multiphase non-isothermal fluid flow and reactive geochemical transport in variably saturated fractured rocks ［J］. American Journal of Science, 2001, 301: 16-33.

［58］　Xu T F, Sonnenthal E, Bodvarsson G. Reaction-transport model for calcite precipitation and evaluation of infiltration fluxes in unsaturated fractured rock ［J］. Journal of Contaminant Hydrology, 2003, 64: 113-127.

［59］　Yeh G T. FEMWATER: A finite element model of water flow through saturated-unsaturated porous media-first revision ［M］. TN: Oak Ridge Nationnal Laboratory, 1987.

［60］　Hiezl Z, Hambley D I, Padovani C, et al. Processing and microstructural characterisation of a UO_2-based ceramic for disposal studies on spent AGR fuel ［J］. Journal of Nuclear Materials, 2015, 456: 74-84.

［61］　白云生. 核电"十四五"及中长期发展建议 ［J］. 电力设备管理, 2020, 8: 20-22.

［62］　陈璋如, 郭起风, 赵云龙, 等. 铀矿床的天然类似物研究 ［C］. 中国高放废物地质处置十年进展. 北京: 原子能出版社, 2004: 399-407.

［63］　陈崇希, 李国敏. 地下水溶质运移理论及模型 ［M］. 北京: 中国地质大学出版社, 1995.

［64］　陈式, 马明燮. 中低水平放射性废物的安全处置 ［M］. 北京: 原子能出版社, 1998.

[65] 党海军，侯小琳，刘文元，等. 花岗岩介质中 Sr、I 和 Pu 的扩散行为 [J]. 核化学与放射化学，2006，36 (1)：53-59.

[66] 董祖引. 复变函数与积分变换 [M]. 南京：河海大学出版社，2001.

[67] 范洪海，闵茂中，王驹，等. 甘肃北山旧井岩体 BS03 号钻孔岩石地球化学特征 [J]. 铀矿地质，2006，22 (2)：90-93.

[68] 甘肃省地质矿产局. 旧井幅、四十里井幅区域地质调查报告 [R]. 甘肃：甘肃省地质矿产局，1990.

[69] 甘肃省地质矿产局. 架子井幅、新场幅区域地质调查报告 [R]. 甘肃：甘肃省地质矿产局，1991.

[70] 甘肃省地质矿产局. 甘肃省岩石地层 [M]. 北京：中国地质大学出版社，1997.

[71] 谷存礼，刘秀珍，范智文，等. 花岗岩裂隙水推荐配方可行性研究 [J]. 辐射防护通讯，1994，14 (1)：117-121.

[72] 郭永海，刘淑芬，苏锐，等. 高放废物处置库甘肃北山预选区水文地质特征方法学研究 [J]. 中国核科技报告，2003 (1)：145-164.

[73] 郭永海，刘淑芬，吕川河. 高放废物地质处置库选址中的水文地质调查 [J]. 铀矿地质，2003，21 (5)：296-299.

[74] 郭永海，苏锐，刘淑芬，等. 高放废物处置库甘肃北山预选区区域水文地质调查报告 [R]. 中国国防科学技术报告，2007.

[75] 郭永海，李娜娜，周志超，等. 高放废物处置库新疆雅满苏和天湖预选地段地下水同位素特征 [J]. 地质学报，2015，89 (S1)：114-116.

[76] 郭新元. 高放废物地质处置新疆预选区天湖地段岩体节理调查及渗透特性研究 [D]. 重庆：重庆大学，2015.

[77] 管后春. 单个粗糙裂隙中水流与融资运移试验研究 [D]. 合肥：合肥工业大学，2006.

[78] 金远新，王文广，陈璋如. 中国高放废物处置库围岩类型的选择 [C]. 中国高放废物地质处置十年进展. 北京：原子能出版社，2004：62-73.

[79] 李春江，郭志明，林漳基. 花岗岩单裂隙中核素 $^{125}I^-$、$^{134}Cs^+$ 的弥散渗透实验 [J]. 水文地质与工程地质，1999，6：45-51.

[80] 李春江，苏锐，陈式，等. 花岗岩单裂隙中核素迁移的研究Ⅱ. 扩散系数的测定 [J]. 核化学与放射化学，2000，21 (4)：190-192.

[81] 李书绅，王志明. 核素在非饱和黄土中迁移研究 [M]. 北京：原子能出版社，2003.

[82] 李金轩，钱七虎. 裂隙岩体核素迁移模型及其在高放废物地质处置库安全性能评价的应用 [J]. 岩石力学与工程学报，2004，23 (5)：736-740.

[83] 李寻. 基于高放废物深地质处置的溶质运移研究 [D]. 杭州：浙江大学，2009.

[84] 凌辉，王驹，陈伟明. 高放废物地质处置算井子候选场址核素迁移模拟研究 [J]. 铀矿地质，2013，34 (2)：118-123.

[85] 刘德军，刘艳红，罗田. 处置库地下水中核素的溶解度和形态计算 [J]. 原子能科学技术，2013，47 (S2)：381-386.

[86] 刘莉，田丰，张明波. 甘肃西部北山地区地下水类型及其富水特征 [J]. 岩土工程界，2003 (6)：33-36.

［87］刘金英，杨天行，李春江，等．放射性核素在双重介质迁移的实验室尺度模型的迎风交替格式及应用［J］.核化学与放射化学，1994，16（3）：21-26.

［88］刘兆昌，张兰生．地下水系统的污染与控制［M］.北京：中国环境科学出版社，1991.

［89］李金轩，李寻．基于双重介质理论的单裂隙核素迁移模型［J］.勘察科学技术，2001（2）：7-10.

［90］陆誓俊，毛家骏．放射性碘在地质材料中吸附和迁移的研究［J］.核化学与放射化学，1991，13（2）：91-95.

［91］李亚萍．甘肃北山花岗岩裂隙几何学特征研究［D］.北京：中国地震局地震研究所，2005.

［92］罗兴章．中国高放废物处置库北山预选场的地球化学研究［D］.南京：南京大学，2004.

［93］罗上庚．放射性废物概论［M］.北京：原子能出版社，2002.

［94］闵茂中．放射性废物处置原理［M］.北京：原子能出版社，1998.

［95］毛家骏．放射性铀、铯、硒在盐环境中吸附研究［J］.核科学与工程，1991，11（4）：380-384.

［96］《三废治理与利用》编委会．三废治理与利用［M］.北京：冶金工业出版社，1995.

［97］沈珍瑶，程金茹．高放射性核废物深地质处置的环境问题［J］.地质通报，2002，21（3）：163-165.

［98］圣锋．法国废放射源处置现状及启示［J］.环境与发展，2017，29（9）：194-195.

［99］史维浚．铀水文地球化学原理［M］.北京：原子能出版社，1987.

［100］史海滨，陈亚新．饱和-非饱和流溶质传输的数学模型与数值方法评价［J］.水利学报，1993（8）：49-58.

［101］苏锐，李春江，王驹，等．花岗岩体单裂隙中核素迁移数学模型［J］.核化学与放射化学，2000，22（2）：80-86.

［102］苏锐．花岗岩体重核素迁移特性研究［D］.北京：核工业北京地质研究院，2000.

［103］王波，包良进，周舵，等.Am 在巴音戈壁黏土岩上的吸附行为研究［J］.中国原子能科学研究院年报，2017，1（1）：152-156.

［104］王超梅．花岗岩裂隙中放射性核素迁移试验及模拟研究［D］.南昌：东华理工大学，2017.

［105］王金生，李书绅，王志明．低中放废物近地表处置安全评价模式研究［J］.环境科学学报，1996，16（3）：356-363.

［106］王金生，杨志锋，李书绅，等．低中放废物处置场核素经地下水迁移对环境影响预测［J］.环境科学学报，2000，20（2）：162-167.

［107］王驹．论我国高放核废物深地质处置［J］.中国地质（保护环境），1998，7：33-35.

［108］王驹．我国高放废物深地质处置战略规划探讨［J］.铀矿地质，2004，20（4）：196-212.

［109］王驹，徐国庆，金远新．论高放废物地质处置库围岩［J］.世界核地质科学，2006，23（4）：222-231.

［110］王驹，陈伟明，苏锐，等．高放废物地质处置及其若干关键科学问题［J］.岩石力学与

工程学报，2009，25（4）：801-808.

[111] 王驹. 世界高放废物地质处置发展透析 [J]. 中国核工业，2015（12）：36-39.

[112] 王驹，苏锐，陈亮，等. 论我国高放废物地质处置地下实验室发展战略 [J]. 中国核电，2018，11（1）：109-115.

[113] 王驹，苏锐，陈亮，等. 中国高放废物地质处置地下实验室场址筛选 [J]. 世界核地质科学，2022，39（1）：1-13.

[114] 王玉往，姜福芝. 北山地区各时代火山岩组合特征及分布 [J]. 中国区域地质，1997，6（3）：297-304.

[115] 温瑞媛，高宏成，彭永忠，等. 裂片元素在岩石中的迁移研究Ⅱ——核素^{134}Cs在花岗岩中的扩散与渗透 [J]. 核化学与放射化学，1993，13（2）：98-103.

[116] 温瑞媛. 裂片核素在岩石中的迁移研究——^{137}Cs在花岗岩中渗透迁移及吸附动力学 [C]. 中国高放废物地质处置十年进展. 北京：原子能出版社，2004.

[117] 谢水波，陈泽昂，张晓健，等. 宏观弥散度和阻滞系数对地下水中核素迁移模拟的影响 [J]. 湖南大学学报（自然科学版），2007，34（5）：78-82.

[118] 杨金忠，黄冠华，任理. 多孔介质中的水分和溶质运移的随机理论 [C]. 第一届全国环境岩土工程论文集. 杭州：中国土木工程学会，1979.

[119] 袁革新，陈剑杰. 罗布泊西北缘低中放废物处置场选址初步研究 [C]. 第二届废物地下处置学术研讨会论文集. 敦煌：中国岩石力学与工程学会，2008：467-472.

[120] 叶明吕，陆誓俊，王万春，等. 放射性核素^{137}Cs在石湖峪和阳坊花岗岩上的吸附与迁移特性研究 [J]. 核技术，1996，34（3）：176-181.

[121] 张玉军. 核废料处置概念库近场热-水-应力耦合模型及数值分析 [J]. 岩土力学，2007，28（1）：17-22.

[122] 左国朝，李茂松. 甘蒙北山地区早古生代岩石圈形成与演化 [M]. 甘肃：甘肃科学技术出版社，1996.

[123] 左国朝，刘义科，李绍雄. 甘肃省北山地区罗雅楚山-大红山一带区域构造格局、褶皱样式及断裂系 [J]. 甘肃地质，2011，20（1）：6-15.

[124] 赵宏刚，王驹，杨春和，等. 甘肃北山旧井地段高放废物处置库深度初步探讨 [J]. 岩石力学与工程学报，2007，26（z2）：3966-3972.

[125] 张英杰，于承泽. 放射性锶和铯在花岗岩上的吸附与阻滞 [J]. 核科学与工程，1990，10（3）：265-272.

[126] 张华，罗上庚. 高放废物玻璃固化体浸出行为模型研究概况 [J]. 辐射防护，2004，31（5）：331-337.

[127] 周舵，龙浩骑，包良进，等. 锝在花岗岩中的弥散系数测定 [J]. 中国原子能科学研究院年报，2016，6：158-159.

[128] 周文斌，张展适，史维浚. EQ3/6及其在核废物地质处置领域的应用 [M]. 北京：原子能出版社，2004.

[129] 张金辉. 铀水冶尾矿库地下水流特征与模拟分析：以某矿为例 [J]. 水文地质工程地质，1998，25（2）：38-41.

[130] 朱义年，王焰新. 地下水地球化学模拟的原理及应用 [M]. 北京：中国地质大学出版

社，2005.

［131］中华人民共和国国防科工委. 核电中长期发展规划（2005—2020 年）［R］. 北京：人民出版社，2006.

［132］中华人民共和国国务院. 中华人民共和国国民经济和社会发展第十二个五年（2011—2015 年）规划纲要［R］. 北京：人民出版社，2011.

［133］GB 8703—1988，辐射防护规定［S］.

［134］GB 9133—1995，放射性废物的分类［S］.

［135］GB 5749—2022，生活饮用水卫生标准［S］.